언제라도 동해

DONGHAE

언제라도 여행 시리즈 02

글·사진 채지형

언제라도 동해

푸른향기
Prunyak Publishing Co

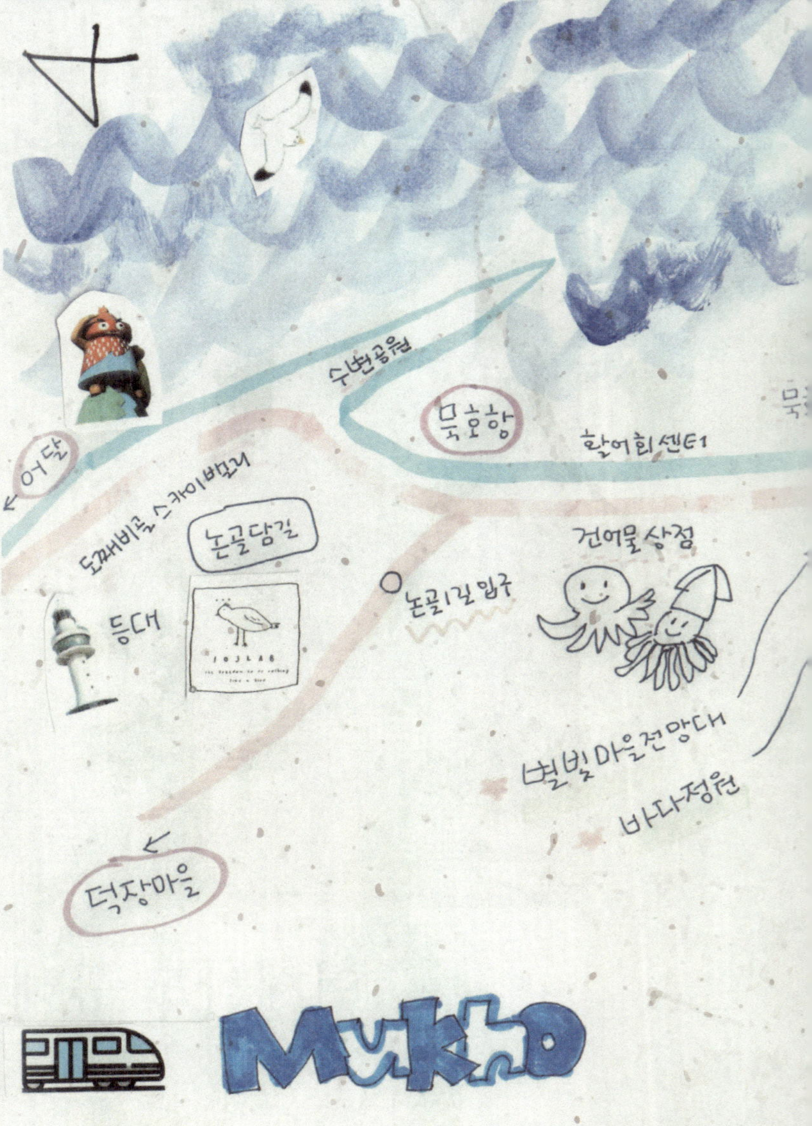

수변공원

묵호항

한어회센터

묵

←어달

도깨비골 스카이밸리

논골담길

등대

논골1길 입구

건어물 상정

벌빛마을전망대

바다정원

덕장마을

울릉도
터미널

↗ 하뜨영

묵호역

묘한

↖ 버스터미널

○← 오뚜기
↙ 대우

발한
샘거리

잔잔
하게

묵호동

연필뮤지엄

동쪽바다
중앙시장

묵호우체국

만복이

인연이 꼬리에 꼬리를 물고 이어지는 곳, 동해

동해에 산다고 하면 "동해 어디요?"라는 질문이 돌아온다. "동해시요"라고 답하면, 고개를 갸우뚱한다. 그러다 "동해시에 있는 묵호라는 잔잔한 동네예요"라고 덧붙이면, "아, 묵호는 들어봤어요"라며 웃는다.

이상할 건 없다. '동해시'보다 '묵호'가 형이니까. 동해시는 1980년 4월 1일, 그러니까 이제 막 45살이 된 도시다. 묵호라는 이름은 훨씬 오래전부터 있었다. 조선시대부터 불리던 지명이다. 1937년 묵호항 개항 이후, 묵호는 넘치는 물고기 덕분에 무럭무럭 성장했다. 묵호가 커지자, 명주군(현재 강릉시) 묵호읍과 삼척군 북평읍을 통합해 동해시를 만들었다. 즉, 동해는 강릉의 남쪽과 삼척의 북쪽을 합한 신생 도시인 것. 강원도를 대표하는 오일장인 북평장은 이름에 '북'이 들어 있지만, 동해시 남쪽에 자리하고 있다. '북쪽 넓은 뜰'이라는 뜻의 북평은 과거 삼척 소속이었다. 여전히 '동해시'보다 '묵호'와 '북평'의 이미지가 강하지만, 동해가 살기 좋은 동네로 소문나면서 '동해시'를 아는 이도 빠르게 늘고 있다.

'선라이즈 시티' 동해. 연고 하나 없는 바닷가 마을에 발을 디딘지 삼 년이 지났다. 동해의 사랑스러움에 빠져 시간 가는 줄 몰랐다. 서울에 살 때는 막연히 언젠가, 어딘가 다른 곳에서 살아보고 싶다는 생각을 했었다. 그러나 언젠가가 이렇게 빨리 올지, 어딘가가 동해일지 꿈에도 몰랐다.

그림 같은 집을 지어 제2의 인생을 계획한 것도, 지역생태계를 위한 로컬라이프를 꿈꾸며 내려온 것도 아니었다. 일 때문에 왔다가, 친절한 이들 덕분에 좀 더 머물렀다. 지내다 보니 살아보고 싶어졌고, 가벼운 마음으로 월세방을 구했다. 그리고 책방 '잔잔하게'를 열었다. 우연이 쌓여 필연이 되었다고나 할까.

책방을 차린 이유도 동해에 살고 싶어서였다. 책방을 열고 나니, 하나둘 사람이 모였다. 재미있는 일을 꾸미고 이벤트를 벌였다. 생각지도 못한 인연이 꼬리에 꼬리를 물고 이어졌다. 그이후 책방 근처에 아기자기한 상점이 차례로 문을 열었다. 빛바랜 동네는 생기를 띠기 시작했다. 이웃이 늘어나면서 동해의 삶은 더 흥미로워졌다.

『언제라도 동해』는 동해에 스며든 예찬론자의 기록이다. 시간이 켜켜이 쌓인 골목, 잔잔하게 파도치는 바다, 웅장한 산을 누리며, 따뜻한 사람들과 어우러져 살고 있다. 10분이면 바다에서 산으로, 시장에서 영화관이나 서점으로 갈 수 있는 동해. 이곳은 오일장의 다정함과 대형마트의 편리함이 공존하고, 세련됨과 소박함이 균형을 이룬다. 무엇보다 동해는 봄 햇살처럼 따스하다. 여행자를 환영하고 응원하는 마음, 자신의 고향을 사랑하는 온화한 마음이 곳곳에 묻어 있다.

첫 번째 장은 동해와 첫 인연을 맺은 '동해 愛 스테이' 시절 이야기다. 그때는 모든 것이 애틋하고 벅찼다. 이토록 살기 좋은 동네를 왜 진작 몰랐을까 싶을 만큼, 매 순간 소중했다. 두 번째 장은 남편 브루스와 함께 동해로 터를 옮긴 첫 번째 해의 기록이다. 세상 물정 모르는 부부가 책방을 열고 좌충우돌하며 통과한 순간이 고스란히 그려져 있다. 세 번째 장은 책방을 운영하며 보낸 3년 시간을 담았다. 동해에서 만난 이들과 사계절의 변화, 새로운 꿈에 관한 이야기다. 동해 여행을 계획하고 있다면, 네 번째 장부터 펼치는 편이 좋겠다. 여행지에 대한 정보는 마지막 장에 모아놓았으니 말이다.

여행작가라는 직업 때문에 방방곡곡 다니지만, 집으로 돌아가는 길은 항상 행복하다. 서울역에서 KTX에 몸을 실을 때면 "홈 스윗홈"을 흥얼댄다. 내 영혼은 동해에 있다. 일주일에 세 번 요가를 하고, 금요일이면 우쿨렐레 수업에 간다. 토요일엔 희곡 읽기와 인형극 수업에 참여하고 일요일에는 해변 맨발 걷기에 나간다. 그리고 매일 아침 브루스와 바다를 바라보며 감탄한다.

동해 생활에 기꺼이 동행해 준 남편 브루스, 멀리서 응원해 주신 부모님과 가족들, 따스하게 안아준 동해 선후배들, 친구 보러 온다고 동해까지 달려와 준 친구들, 자그마한 책방에 들러준 손님들, 매주 토요일을 함께 하는 세잎클로버, 동해 이야기에 귀 기울여 준 도서출판 푸른향기 가족들께 고개 숙여 깊은 감사를 전한다. 동해살이에 대한 소소한 기록이 친구들에게 잔잔한 기쁨을 안겨주면 좋겠다. 우리, 동해에서 만나요. 두 팔 벌리고 기다리고 있을게요.

눈이 시리게 푸른 동해를 바라보며
채지형

CONTENTS

CONTENTS

3부 벌써 3년, 동해에 사는 기쁨

4부 동해를 여행하는 10가지 방법

1부

동해에서 한 달 살기

stay

"동해의 매력이 뭐냐"는 질문에,
새벽에 찍은 일출 사진을 꺼내 보이며 답했다.
"매일 아침 감동을 선물 받아요.
새로 태어나는 기분이죠. 그게 가장 큰 매력이에요."

동해에 언제 오실 건가요?
: 묵호항 수변공원 + 동북횟집

2020년 봄, 한 통의 낯선 전화가 울렸다. 조심스레 버튼을 누르니, 따스한 목소리가 건너왔다. 내용은 동해 발한도서관의 강의 요청이었다. 제목은 '나를 찾아가는 아름다운 만남, 여행인문학'. 제안을 받아들이면, 7주 동안 매주 동해에 가야 했다. 여행작가로서 취재를 위해 울릉도든 제주도든 주저 없이 떠나지만, 강의를 위해 7주 연속 강원도로 가는 일은 만만치 않았다. 강의는 단 2시간. 그러나 그 시간을 위해 들여야 할 정성과 시간, 비용을 생각하면 쉽사리 수락하기 어려웠다.

"고맙습니다만, 생각 좀 해볼게요."

망설임 섞인 대답에, 전화기 너머에서 내 마음을 읽기라도 한 듯 말했다.

"작가님, KTX가 있어요."

금시초문이었다. 동해까지 가는 기차는 청량리에서 출발해 영주와 제천을 거쳐 돌아가는 느린 기차만 있는 줄 알았다. KTX가 다닌다는 말에 귀를 의심하며 뉴스를 검색했다. 놀랍게도 서울역

~동해역 KTX가 2020년 3월 2일 운행을 시작했다는 기사가 눈에 들어왔다. 발한도서관은 KTX가 정차하는 묵호역에서 불과 5분 거리. '그렇다면, 가볼까? 이번 기회에 강원도도 더 돌아보고 말이야.' KTX는 내 마음의 빨간 불을 파란 불로 바꿔줬다.

통화는 봄에 이루어졌지만, 정작 동해에 발을 디딘 건 뜨거운 태양이 내리쬐는 8월이었다. 아이러니하게도, 첫 동해행에는 KTX를 타는 대신 차를 가지고 갔다. '한 번 여행에 최대 효과'를 내기 위해 제천 취재와 동해 강의를 하나의 일정으로 묶다 보니, 기차보다 차가 효율적이었다.

제천 취재를 마친 다음 날. 내비게이션을 켜자, 동해까지 가는 데 두 가지 선택지가 나타났다. 하나는 원주를 거쳐 영동고속도로를 타고 가는 211km의 빠른 길(2시간 30분)이었고, 다른 하나는 38번 국도를 따라가는 175km의 조금 더 느린 길(2시간 50분)이었다. 추천경로는 물론 고속도로를 타고 가는 길이었다. 불과 20분 차이. 평소에는 내비게이션의 말을 잘 듣는 편이지만, 이번엔 다른 길로 가고 싶었다. '아는 길보다는 모르는 길'에 마음이 끌리는 법, 차는 이미 38번 국도를 향하고 있었다. '일' 스위치는 끄고 '여행' 스위치를 켜자, 나도 모르게 콧노래가 흘러나왔다.

ES리조트에서 나와 굽이굽이 청풍호를 따라 달렸다. 제천에서 영월로 넘어가자, 국도 옆 풍경은 네팔의 작은 마을처럼 신비롭

게 펼쳐졌다. 푸르른 산자락이 강렬하게 빛나는 모습이 이국적이었다. 고도가 높아질수록 하늘이 점점 어두워지더니 이내 자욱한 안개가 길을 삼켰다. 갑자기 한 치 앞을 볼 수 없을 정도로 날씨가 변했다.

안개를 겨우 헤치고 나오자 '산소도시, 태백'이라는 큼지막한 표지판이 모습을 드러냈다. 8월임에도 깊은 산 속의 으스스함이 온몸을 감쌌다. 태백에서 삼척으로 넘어가는 국도는 처음이었다. 수십 년간 전국 곳곳을 다녔건만, 여전히 생소한 길이 많다는 사실에 고개가 절로 숙여졌다.

제천에서 동해까지 이어진 국도를 달리는 것 자체가 여행이었다. 익숙하지 않은 풍경 덕분에, 3시간이 길지 않았다. 차창 밖 풍광을 흘끗흘끗 훔쳐보다 보니, 어느새 바다가 나타났다. 깊고 푸른 바다, 동해. 그 순간 영화 「바그다드 카페」의 OST '콜링 유(Calling You)'가 흘러나왔다. 제베타 스틸의 녹진한 목소리가 공간을 가득 채웠다. 영화 속 한 장면처럼, 여행의 감각이 스며들었다.

목적지는 묵호항 수변공원. 넓은 주차장에 차를 세우고, 약속 장소인 2층 동북횟집으로 올라갔다. 듬직한 관장님과 다정한 사서 선생님이 환한 미소로 맞아주었다.

"먼 길 오느라 수고하셨어요."

진심이 느껴지는 인사였다. "동해 와 보신 적 있으세요?"로 시작한 대화는 태풍과 휴가철 이야기로 이어졌다. 8월의 동해 이야기를 한참 나누다, 도서관 관장님도 해수욕장 개장 시즌에는 해변에서 직접 당직을 선다는 말씀에 깜짝 놀랐다. 그날 저녁이 당직 날이라 추암해수욕장으로 가신다고 했다.

'바닷가에 사는 일은 도시와 참 다르구나(당연하지만)' 싶었다. 그 와중에 손으로는 숟가락과 젓가락을 부지런히 움직였다. 시원하고 쫄깃한 물회 맛에 감탄하며, 나도 관장님께 질문을 던졌다.

"바닷가에 사시니 좋으시지요? 이런 싱싱한 물회도 맨날 드실 수 있고요."

관장님이 지긋이 웃으며 답했다.

"그럼요. 동해, 참 살기 좋아요. 작가님도 한 번 살아보세요."

"하하, 네. 기회가 되면 저도 꼭 살아보고 싶네요."

가벼운 농담처럼 오간 대화였다. 그땐 몰랐다. 말이 씨가 될 줄을. 옆자리 사서 선생님이 말을 보탰다.

"요즘 동해에서 작가님들한테 한 달 살기 공간을 빌려주는 사업을 하더라고요. 한 번 신청해 보세요."

"좋은 정보네요. 고맙습니다."

사서 선생님의 행동력은 정보 제공에서 멈추지 않았다. 다음 날 카카오톡으로 신청 링크를 보내 주셨다. 불과 하루 전까지만 해도 동해는 방콕보다 마음의 거리가 더 먼 지역이었고, '동해 한 달 살기'는 상상해 본 적도 없었다. 사서 선생님의 다정함이 내 마음을 움직였다. 일단 '동해 愛 스테이' 신청서를 동해시 담당자 메일로 보냈다.

다음 날, 또 한 통의 전화가 걸려 왔다.

"동해에 언제 오실 건가요?"

그 순간, 강렬한 예감이 들었다. 지금 내 삶의 새로운 문이 열리고 있구나라는.

다음 정차 역은 묵호역입니다

: 묵호역 + 논골담길

동해시 담당 주무관에게 전화를 받은 며칠 후, 배낭을 주섬주섬 챙겼다. 기차를 타기 위해 도착한 서울역. 대형 TV에는 동해안이 태풍 마이삭 영향권에 들어 있다는 뉴스가 흘렀다. 아프리카에서 만난 뉴질랜드 친구 카리나가 떠올랐다. 트럭을 타고 아프리카 남부를 여행하러 출발하던 날, 억수같이 비가 쏟아졌을 때 초긍정 여행자 카리나는 해맑게 웃으며 말했다.

"출발하기 정말 좋은 날이네!"

마이삭이든 바이삭이든, '시작하기 딱 맞는 날'이라 스스로를 다독이며 KTX에 올랐다. 해외에서 한 달 살기를 경험한 적은 있지만, 우리나라에서는 처음이었다. 편안하면서 설렜다. 낯선 길을 걷다가 오랜 친구를 우연히 만난 기분이랄까.

낭만에 취해 반쯤 감은 눈으로 창밖을 바라보다가, 강릉 안인항을 지난 후부터는 나도 모르게 허리를 바로 세웠다. 바다가 창을 꽉 채웠고, 나는 바다를 올곧이 맞이했다. 강릉과 삼척을 오가며

바다를 볼 수 있는 관광열차가 있다는 이야기는 들었지만, KTX 에서 바다 전망을 즐길 수 있다니 놀라웠다. 넓은 창을 푸른 바다 가 채웠다(이때만 해도 창이 넓은 KTX 산천이 다녔다. 현재는 창이 좁은 KTX 이음이 다닌다). 게다가 바다는 손에 잡힐 듯 가까웠다.

바다를 따라 달리는 포항~영덕 동해선을 취재하러 갔다가 실 망했던 기억이 포르르 떠올랐다. 포항에서 영덕으로 이어지는 바 다열차라고 해서 잔뜩 기대했는데, 바다는 거의 보이지 않았다. 바다 가까운 곳은 지반이 약한 데다 매입하기에는 땅값이 비쌌던 탓. 바다열차에 대한 아쉬움을 묵호로 향하는 KTX에서 툴툴 털 어냈다.

"다음 정차 역은 묵호, 묵호역입니다. 내리실 분은 준비하세요." 묵호역에 발을 내딛자, 닐 암스트롱이라도 된 기분이었다. 여러

번 여행한 동해지만, 기차를 타고 오기는 처음. 중요한 순간임을
직감했다. 역무원 아저씨에게 부탁해 엉거주춤 기념사진을 남겼
다. 찰칵.

묵호역에서 숙소가 있는 '바람의 언덕'까지는 걸을 만한 거리지
만, 비가 한두 방울 내리기 시작해 택시를 탔다. 논골담길 입구에
는 비를 머금은 능소화가 화려하게 피어 있었다. 비 때문에 색이
더 선명해진 걸까. 누군가 붓으로 칠한 듯 생기가 넘쳤다. 발걸음
가볍게 오르막길을 올랐다. 조금이라도 빨리 닿고 싶어 잠시도 쉬
지 않았다. '바람의 언덕'에 도착했을 때는 숨이 턱까지 차올랐다.

숙소를 안내해 주는 매니저를 따라가 보니, 삼각형 지붕의 방
다섯 개가 사이좋게 나란히 자리했다. 레드와 블루, 그린, 옐로우,
오렌지. 색을 고르듯 방을 선택했다. 그렇다면, 내 선택은 그린.
주황이나 노랑이 취향이지만, 오래 머물 공간은 초록이 낫겠다
싶었다. 초록은 차분하고 안정적인 색이니까.

　그린 방에서 눈에 들어온 것은 벽 하나를 차지한 유리창이었다. 자연이 통째로 담긴 액자였다. 방 안에서 밖이 시원하게 내다보였다. 앞에는 유유자적 바람 맞기 좋은 야외 테이블도 있었다. 바람과 햇살을 마음껏 들이며, 이곳에서 묵호의 하루하루를 즐길 수 있을 듯했다.

　배낭을 내려놓고, 논골카페(지금은 없어졌지만)에서 커피를 한 잔 가져왔다. '묵호, 까맣게 잊은 기억들이 배회하는 바다.' 컵 홀더의 문구에 나도 모르게 미소를 지었다.

　'허허, 이 동네는 종이컵마저도 낭만적이군.'

　배낭에서 노트와 펜, 수건과 세면도구를 꺼내며 내 생활의 작은 조각들을 하나씩 맞춰갔다.

어둠은 빨리 찾아왔다. 불과 몇 시간 전만 해도 경탄의 대상이었던 유리창이, 밤이 되자 두려움의 대상으로 변했다. 태풍이 몰고 온 바람이 사정없이 휘몰아쳤다. 문을 열기 힘들 정도로 강풍이 불었고, 나무는 흐느끼듯 몸을 흔들었다. 온갖 소리가 방 안팎을 떠다녔다. 플라스틱병이 날아와 창에 부딪히고, 비닐봉지가 하늘을 춤추며 휩쓸려 다녔다. 덜컹거리는 문, 방파제를 넘나드는 파도 소리, 그리고 바람의 울음소리. 묵호의 첫날밤은 소리에 점령당한 밤이었다.

동해에서 아침을 맞이한다는 건

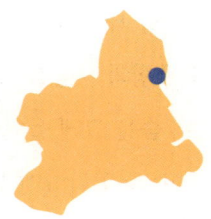

: 일출로 + 해맞이길

묵호에서 첫날을 보낸 다음 날 아침. 언제 태풍이 몰아쳤나 싶게 하늘이 파랬다. 감사해야 할지, 속은 느낌이라고 해야 할지. 밤새 애간장을 녹이더니, 하늘은 태연했다. 한참 노려봤다. 그 천연덕스러운 하늘을.

그러다 문득 마감해야 할 원고가 있다는 사실을 깨달았다. 제천 원고도 마무리하고 제천 여행을 계획 중인 후배 갑수에게 여행 정보도 보내야 했다. 마음이 급해졌다. 가부좌를 틀고 마음을 달래봤지만, 조급함에 손발이 더뎠다. 10시가 되기를 기다려 논골 카페에 달려가 커피를 주문했다. 기름을 부었으니, 머리와 손도 달리겠지.

두 번째 아침에는 찬란한 태양이 떠올랐다. '이래야 동해지' 싶었다. 어느 때보다 햇살이 반가웠다. 아다지오로 달려드는 바람, 오렌지빛을 흩뿌리는 태양, 환하게 아래부터 밝아지는 하늘, 충만한 에너지가 온몸으로 퍼졌다.

첫날 태풍을 만나지 않았다면, 감사함이 이리 컸을까. 잔잔한 묵호항과 두둥실 그림처럼 떠 있는 구름이 마음에 평화를 안겨줬다. 숨을 크게 들이마시고 잠시 멈췄다가 내쉬기를 여러 번 반복했다. 히말라야에 오르다 어느 롯지에서 느꼈던, 딱 그 느낌이었다. 순간이 영원이 되었다. '여행이란 결국 자신을 찾아가는 과정'이라는 말처럼, 잊고 있던 내가 거기에 있었다.

세 번째 아침에도 둥근 해가 떠올랐다. 건강한 루틴을 만들기 위해 아침 운동을 시작했다. 논골담길 아래 묵호항 수변공원에 있는 빨간 등대까지 다녀올 참이었다. 운동화를 챙겨 신고 비탈길을 잰걸음으로 내려갔다. 부지런한 생활 예술가들은 이미 하루를 시작하고 있었다. 시장에 다녀오시는 어르신, 길가에 고추를 말리는 할머니, 꽃에 물을 주는 이발소 사장님. 그들의 일상을 보며 걷는 것만으로도 흐뭇했다.

수변공원 방파제를 달렸다. 바닷바람이 얼굴을 스치고 파도가 낮게 속삭였다. 몸도 마음도 가벼웠다. 예상치 못한 표지판이 걸음을 잡았다. 등대까지 가는 길이 막혀 있었던 것. 멀리서 볼 때는 등대까지 달릴 수 있을 거라고 생각했는데, 뜻밖의 장벽이었다.

그렇다고 달리기를 멈출 수는 없었다. '길이 보이지 않으면 새 길을 만들면 된다'고 하지 않던가. 어달해변을 향해 방향을 틀었

다. '런데이' 앱을 켜고, 2분 30초 뛰고 2분 걷기를 반복했다. 햇살이 눈 부셨다. 달리다 보면 기분이 좋아지는 '러너스 하이'에 대한 설명을 들으며 숨을 골랐다. 오른편으로는 파도가 친구처럼 동행했다. 까막바위를 스치고 어달항을 지났다. 바닷길을 따라 뛰어본 게 얼마 만인가. 더없이 상쾌했다.

어달 삼거리까지 달리고 나니, 돌아가야겠다는 생각이 들었다. 달려온 길을 거슬러 가려는 찰나, 이정표 하나가 눈에 들어왔다. 등대까지 1.7km. 오르막길로 가면, 등대가 나온다는 표시였다. 가보지 않은 길이었지만, 도전하는 것도 나쁘지 않아 보였다. 아빠가 떠올랐다. 낯선 길을 헤매다 집에 돌아오면, "공부 잘하고 왔다"며 어깨를 다독여 주시던 아빠. 하늘에 계실 아빠를 생각하며 오르막길을 천천히 걸었다. 우거진 나무가 뜨겁게 달궈진 얼굴을 식혀줬다. 마스크 너머로(코로나가 한창인 때라 마스크를 쓰고 걸었다) 전해지는 신선한 공기가 기분을 새롭게 했다. 바닷가 러닝에 이은 나무 아래 산책. 아침에 누린 두 번째 충만함이었다. 며칠 머물지 않았지만, 동해에 산다는 건 이런 기쁨을 안고 사는 거겠구나 싶었다.

한참 길을 오르다 뒤를 돌아봤다. 눈높이에 광활한 푸른 바다가 넘실거렸다. 나도 모르게 '아' 하는 감탄이 새어 나왔다. 산 아래에서 본 풍경과 산 정상에서 본 풍경이 다르듯, 바다도 마찬가지였다. 낮은 곳에서 올려다볼 때와 높은 곳에서 내려다볼 때의 느낌이 이렇게 다를 줄이야. 넓고 깊은 푸르름이 가슴을 밀고 들어왔다.

5분쯤 더 걸었을까. 아스라이 항구가 보이기 시작했다. '도대체 여긴 어디지?' 두리번거리던 순간 '해맞이길'이라는 이정표가 시선을 사로잡았다. 오른쪽에는 계곡처럼 움푹 파인 길이 있었고, 건너편 언덕에는 집들이 옹기종기 모여 있었다. 햇살을 받아 반짝이는 지붕을 보니, 산토리니 이아 마을이 생각났다.

오래된 집 한 채가 눈길을 끌었다. 금방이라도 무너질 듯 낡은 집이었지만 마당에는 해바라기가 샛노랗게 피어 있었다. 어르신 한 분이 마당에서 해바라기를 캐고 계셨다. 인사를 드리고 이유를 여쭈니, 더 큰 태풍이 올 예정이라 해바라기를 미리 뽑는 거라 하셨다.

"해바라기 한 송이 가져가도 될까요?"

환한 미소와 함께 돌아온 건 한 송이가 아니라 한 묶음이었다. 등대경로당(이 부근 건물 이름에는 '등대'가 주로 들어간다) 앞 공터에서 땀을 뻘뻘 흘리며 해바라기를 정리한 후 전리품을 획득한 전사처럼 의기양양 다시 길을 나섰다. 경로당에서 3분쯤 더 걸었을까, 등대가 나타났다. 묵묵히 서 있는 하얀 등대. 작은 밤배라도 된 양, 길잡이 등대가 더없이 반가웠다. 그린 방에 도착한 시간은 오전 7시 40분. 동해의 세 번째 아침은 달리기로 시작해 탐험으로 끝났다.

산과 바다, 마을을 품은
'바람의 언덕'
: 바람의 언덕

아침마다 떠오르는 해를 기다리는 곳은 '바람의 언덕'이다. 그린 방에서 나와 왼쪽으로 몇 발짝 걸으면, 끝없이 펼쳐진 바다를 마당 삼은 그곳이 나온다. 바람의 언덕이라는 이름은 오랜 친구처럼 정겹다. 거제와 태백에도 바람의 언덕이 있다. 태백 바람의 언덕은 높은 산 위에 풍력발전기가 있어 이국적이고, 거제의 그곳은 바다와 어우러진 풍차가 있어 낭만적이다. 거제와 태백의 바람의 언덕 모두 아름답지만, 가장 다채로운 풍광을 볼 수 있는 곳은 묵호에 있는 바람의 언덕이다. 쪽빛 동해와 짙은 녹음의 산자락, 부지런한 고깃배가 오가는 묵호항, 그리고 알록달록 지붕이 이곳에 있다. 한 폭의 수채화가 그대로 펼쳐진다.

바람의 언덕은 행정구역상 지명은 아니다. 2016년 동해시에서 묵호항 인근 산비탈에 새 생명을 불어넣으며 바람의 언덕이라는 이름을 선물했다. 이름값 하듯 거센 바람이 끊임없이 불어오는 이곳은, 한때 명태를 말리던 덕장이었다. 덕장의 흔적은 없어지

고, 누구나 데크에서 바다를 벗 삼아 사색에 잠길 수 있는 공간으
로 거듭났다.

"아, 이뻐. 너무 멋진 거 아냐?" 탄성이 절로 나오는 이곳의 최고
매력은 전망이다. 일망무제의 바다가 거침없다. 여느 바다와 비
슷하다고 생각하면 오산이다. 언덕 위에서 보는 바다는 더 광활
하고 크다. 이곳의 풍광이 특별한 첫 번째 이유다.

두 번째 이유는 보는 각도에 따라 다른 모습을 볼 수 있다는 점
이다. 바다에서 오른쪽으로 시선을 돌리면, 또 다른 세상이 펼쳐

진다. 긴 방파제 끝에 서 있는 붉은 등대와 포근한 묵호항의 풍경은 엽서 속 한 장면 같다. 항구를 오가는 배와 바쁘게 움직이는 갈매기가 가슴 뛰게 만든다. 묵호항에는 울릉도를 오가는 여객선도 다닌다. 묵호에서 울릉도 도동항까지는 약 161km로, 2시간 30분이면 닿는다. 울릉도로 향하는 여객선과 바쁘게 오가는 고깃배, 그 위로 날갯짓하는 갈매기의 군무가 살아있는 항구의 숨결을 전한다.

묵호항 옆으로는 알록달록 지붕이 패치워크 같은 산동네가 이어진다. 색동저고리를 펼쳐놓은 듯한 지붕은 도시의 삭막함에 지친 이에게 따스한 위로를 건넨다. 각기 다른 모습이 슬며시 미소 짓게 한다. 이곳이라면 나도 '나다운 삶'을 살 수 있을 듯한 자신감이 살며시 스민다.

바람의 언덕 전망의 특별함이 한 가지 더 있다. 마을을 아늑하게 감싸고 있는 산의 유려한 능선이다. 동문산과 보림산, 용산, 초록봉이 겹겹이 이어져 있다. "동해에서는 산에서 바다까지 10분이면 갈 수 있다"는 동해시장의 자랑처럼, 바다와 산을 한자리에서 만난다.

시간마다 보이는 경치도 다르다. 한낮의 푸른 바다는 청춘의 기억처럼 눈부시고, 새벽녘 어부들의 불빛은 고요한 추억처럼 아련하다. 해가 뉘엿뉘엿 초록봉 뒤로 넘어갈 즈음에는 잊지 못할 순

간이 시작된다. 하늘과 바다가 붉은 불꽃처럼 타오르고, 어둠이 내리면 산동네 작은 불빛이 또 다른 별자리가 되어 반짝인다. 그 불빛들은 속삭이듯 말한다. 우리 모두의 인생은 각자의 방식으로 빛난다고.

달빛 아래에서 나누는 묵호 예찬론
: 바람의 언덕

예정된 강의는 금요일 저녁마다 이어졌다. 첫 번째 강의 시간, 수강생들이 발한도서관에 옹기종기 모였다. 강의실은 서로 반갑게 인사를 나누는 이들로 온기가 가득했다. 코로나 시국이라 마스크를 쓴 채였지만, 얼굴을 마주하고 이야기할 수 있는 것만으로 감사했다.

두 번째 강의가 있는 금요일이 되기 전, 한 달 살기를 위해 묵호로 내려온 참이었다. 운명의 장난이랄까. 동해에 코로나 확진자가 발생해, 강의를 줌으로 진행해야 했다. 그린 방에서 무선 인터넷으로 할 수도 있었지만, 안정적인 연결이 필요했다. 결국 도서관 강의실에서 유선 인터넷을 연결해 노트북을 켰다.

온라인 강의는 낯설었다. 강의를 듣는 이들의 표정을 보며 속도를 조절하고 반복 여부를 결정해야 하는데, 모니터 너머로는 그들의 반응을 읽기가 어려웠다. 서로 이야기를 주고받으며 호흡을 맞추는 강의보다 두 배는 힘들었다. 텅 빈 강의실에서 작은 모니터를 마주하고 두 시간이나 혼자 떠들고 나니, 온몸이 탈진한 듯

무거웠다.

지친 몸을 이끌고 숙소로 돌아가는 길, 동해우리마트에 들러 차가운 맥주 한 캔을 집어 들었다. 논골담길을 따라 천천히 걷다 보니 무거운 몸과 마음이 한결 가벼워졌다. 방에 가방을 던져 놓고, 맥주만 챙겨 '바람의 언덕'으로 나갔다. 이미 시간은 저녁 10시를 넘어가고 있었다. 밤이 깊었으니, 어둠이 짙을 줄 알았는데 세상은 놀랍도록 환했다. 고개를 들어보니, 하늘에 해처럼 밝은 보름달이 떠 있었다. 데크에 앉아 달을 올려다보며 맥주를 한 모금 넘겼다. 혼자 보기 아까울 정도로, 황홀한 달맞이였다.

어디선가 희미한 소리가 들려 돌아보니, 넋 놓고 달을 보는 이가 또 있었다. 흐릿하게 보이는 두 사람은 달을 찬양하는 이야기를 여고 동창생처럼 다정하게 나누고 있었다. 달빛에 홀려, 우리는 대화를 나누게 됐다. 바람의 언덕 데크에 앉아 이백의 시를 들먹이고 나폴리 광장을 이야기하며, 묵호 예찬론을 주거니 받거니 했다. 우리는 마치 치앙마이 게스트하우스에서 우연히 만난 여행자들 같았다.

이야기가 깊어질 무렵, 통성명을 나눴다. 두 사람은 선후배 사이로, 비올리스트와 지휘자였다. 코로나로 공연이 줄줄이 취소되자 후배의 세컨하우스가 있는 묵호로 여행 왔다고 했다. 음악가

답게 묵호항 수변공원을 바라보며, 음악 축제를 열기에 더없이
완벽한 공간이라며 감탄을 쏟아냈다. 베로나와 베르비에를 비롯
해 이탈리아와 스위스 음악 축제가 하나둘 소환됐다. 비올리스트
가 가장 좋아한다는 바흐의 '샤꼰느'와 내 싸이월드 BGM 대표곡
이었던 '스카이워커'도 함께 들었다.

　하루빨리 코로나가 끝나서 아이들에게 음악을 가르치고 싶다
는 소망, 묵호에서 언젠가 작은 음악회를 열고 싶다는 바람, 동해
에서 바다를 보며 오래오래 살고 싶다는 희망. 그렇게 우리의 꿈
은 달빛 아래에서 조용히 피어올랐다. 둥근 달이 천천히 밤하늘
을 가로지르며, 묵호의 밤은 깊어 갔다.

묵호에서는 일출 후,
한 번 더 펜을 들어야 한다

: 논골담길

'묵호에서는 하루에 두 번 일기를 써야 한다.'

10월 어느 날 쓴 일기 첫 줄이다. 보통 일기는 밤에 쓰지만, 묵호에서는 일출 후에도 펜을 들어야 했다. 새벽 일출을 마주하고 나면 온몸에 차오르는 충만한 에너지가 뭐라도 쓰게 하니까. 그린 방에서 맞이한 일출은 언제나 황홀했다. 매일 그리운 친구를 기다리듯, 문을 열고 해를 맞으러 나갔다.

그날 역시 바다 위로 새빨간 모자 하나가 수줍게 얼굴을 내밀었다. 그 찬란함이 어찌나 강렬하던지 밤하늘의 별이 새벽 바다에 떨어진 것 같았다. 붉은 별은 순식간에 오메가 모양으로 변하더니, 이내 완벽한 원을 그리며 떠올랐다.

가슴 벅찬 감동과 함께 작은 후회도 스쳤다. '아, 오늘같이 완벽한 날 왜 삼각대는 두고 왔을까.' 아쉬움을 가득 안고 해 뜨는 모습을 바라봤다. 묵호의 검은 바다는 태양을 받아 은빛으로, 다시 금빛으로 물들어 갔다. 혼자만 빛나는 것이 아니라, 주변 모두를 밝히는 태양의 너그러움에 다시 한번 감동했다. 해돋이를 처음

보는 어린아이처럼, 숨죽이며 지켜봤다.

　일출에 빠져 있다가 갈매기 소리에 정신이 번쩍 들었다. 구름이 해를 살짝 가렸지만, 하늘은 여전히 붉은 물감을 풀어놓은 듯 아름다웠다. 이토록 귀한 순간을 혼자 누리기 아쉬웠다. 주변을 둘러보니, 다행히 동네 아주머니 두 분도 관객석에 앉아 계셨다. 바다를 응시한 채 끊임없이 이어가는 두 분의 소곤거림에 새벽 공기가 따스해졌다.

　두 분은 분명 오랜 친구임이 틀림없었다. 시장에서 겪은 화장실 해프닝을 생생하게 나누는 장면에서 세월이 빚은 우정이 느껴졌다. 일부러 들으려 한 건 아니지만 들리는 걸 어떡하나. 나도 모

르게 두 분을 중심으로 한 여러 인간관계를 알고 말았다. "어디 사세요?"라고 여쭈니 등대주공아파트라 하셨다. 역시 아파트 이름에도 '등대'가 들어가는구나 싶었다. 등대 또는 신등대.

두 분의 대화를 새벽 ASMR 삼아 다시 바다로 눈을 돌렸다. 파도는 여전히 전력 질주하는 말처럼 하얀 갈기를 휘날리며 달려왔다. 눈을 감으면 파도 소리가 온몸을 휘감고 눈을 뜨면 짙푸른 바다가 시야를 가득 채웠다. 하늘에는 분홍빛 구름이 봄꽃처럼 피어 있었고, 한편에는 아직 물러나지 못한 달이 머뭇거리고 있었다. 청량한 바람을 맞으며 해가 떠오르고 달이 사라지는 순간을 한자리에서 목격했다. 맑은 기운으로 씻기는 듯했다. 고해성사를 하고 난 후 후련함이 이랬던가, 산사에서 맑은 하루를 보낸 후가 이랬던가. 마음 깊은 곳에서 희망찬 시작을 알리는 씨앗이 움트는 듯했다.

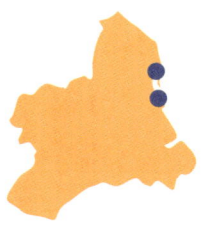

'한 지붕 다섯 명' 우리는 묵호 이웃

: 논골담길 + 가세해변

묵호항이 내려다보이는 '동해 愛 스테이'에는 다섯 명이 머물렀다. 서로 모르는 사이였지만, 묵호의 바람이 우리를 이웃으로 만들어 주었다. 서울과 남양주, 일산에서 각자의 삶을 살던 이들은 세모 지붕 다섯 칸에서 새로운 인연을 맺었다. 작지만 아늑한, 작업실이자 안식처였던 그곳에서.

노란빛의 첫 번째 방에는 나래 씨가 머물렀다. 처음 마주친 날, 그녀는 묵호항을 바라보며 그림을 그리고 있었다. 진지한 표정으로 붓을 잡고 있던 그녀의 모습은 그 자체로 그림이었다. '화가임이 분명해'라던 어설픈 추측은 빗나갔다. 뜻밖에도 그녀는 화가가 아닌 안무가였다. 그림은 취미였고, 본업은 춤이었다. 나래 씨는 안무를 짜고 학교에서 춤을 가르쳤다. 비가 오고 바람이 불어도 그녀의 밝은 에너지 덕분에 바람의 언덕 분위기는 언제나 '맑음'을 유지했다.

나래 씨 옆 그린 방에는 내가, 그 옆 레드 방에는 그림 그리는 청년 다은 씨가 있었다. 동해가 고향인 그녀는 서울에서 꽤 오래 일했다. 그림도 그리고 미술학원에서 아이들도 가르쳤지만, 차가운 도시는 몸과 마음을 지치게 했다. 힘들어하던 그녀에게 고향은 안식처였다. 동해 생각이 간절하던 차에 한 달 살기를 발견하고 지원한 것. 끝 두 방에는 베테랑 소설가와 전직 프로그래머이자 현직 블로거가 머물렀다. 1980년대 시트콤 「한지붕 세가족」 같은 흥미진진한 일상이 펼쳐질 것 같았지만, 각자 생활 리듬이 달라 얼굴조차 보지 못한 날이 대부분이었다.

그러던 어느 날 일산 집에 다녀온 소설가 선생님이 모히토 파티를 제안했다. 태풍이 불어와, 비바람이 몰아치던 날이었다. 좁은 방에 옹기종기 모여 앉아 우리는 묵호행 기차표를 끊게 된 사연부터 여행과 소설, 타로, 수렵 채취까지 온갖 이야기를 술잔에 띄워 나눴다. 역시 사람은 만나야 친해지는 법. 라스베이거스에 있는 스피크이지 바(아는 사람만 찾아갈 수 있는 은밀한 바)의 마피아들처럼 어둑한 불빛 아래 비밀스러운 대화를 나눴다. 술병이 비워질수록 이야기는 깊어졌다.

다음 만남은 찬란한 햇살 아래였다. 가세해변으로 게를 잡으러 나섰다. 서해 갯벌의 조개잡이 말고는 바닷가에서 '채취'라는 걸 해본 적 없는 나는 게를 잡으러 간다는 생각만으로도 두근거렸다. 게가 물 수 있으니, 장갑이 필요했다. 게를 담을 통과 커다란

비닐도 챙겼다.

하평해변 부근에 차를 세우고 가세로 향하는 길. 청명한 하늘은 우리의 모험을 축복하는 듯했다. 태풍이 남기고 간 거센 파도도, 스치는 기차도 모두 즐거움이 되었다. 하지만 들뜬 기분도 잠시, 가세로 가는 길목에서 만난 표지판이 발걸음을 멈춰 세웠다. 내용인즉, 태풍으로 하평에서 가세로 이어진 길이 손실되었다는 것.

동해의 싱싱한 게로 차릴 저녁 식탁의 꿈은 파도처럼 흩어졌지만, 그래도 행복했다. 가세해변의 존재도 알게 되었고 장엄한 파도도 보았으며 무엇보다 서로의 웃음소리로 바닷가를 가득 채웠으니까. 게를 잡으러 갔다가 집채만 한 파도만 보고 돌아선 날, 우리는 또 하나의 추억을 새겼다.

여명처럼 빛나는, 동해의 순간

: 논골담길

　모히토 회동 후 우리는 자주 모였다. 여명이 떠오를 무렵, 방 앞 너른 데크에 매트를 펴고 요가도 했다. 동해의 아침 공기를 들이 마시며 몸과 마음을 깨웠다. 한낮에는 시원한 물회로 더위를 식 히고, 밤이면 달빛 아래 골뱅이를 삶아 먹었다.

　태국 빠이의 어느 골목에서 만난 히피들처럼, 자유롭고 낭만적 인 시간을 보냈다. 은은한 달빛이 비치는 밤이면 이야기꽃을 피 웠다. 먼 여행지에서 우연히 만난 여행자들처럼, 서로의 이야기 에 귀 기울이고 공감했다. 평소라면 꺼내기 힘든 아픔과 슬픔, 스 산한 고민이 가을밤 공기를 타고 자연스레 흘러나왔다. 진심으로 들어주는 것만으로도 마음의 상처가 아물어 갔다.

　어느 날 뜻밖의 손님이 찾아왔다. 동해시에서 '동해 愛 스테이' 라는 한 달 살기 프로그램을 알리기 위해 방송팀이 우리를 찾은 것이다. 목적이 무엇이든 상관없었다. 우리에겐 모든 순간을 특 별한 이야기로 만드는 마법 같은 능력이 있었으니, 즐거운 이벤

트가 될 거라는 기대를 안고 방송팀을 기다렸다.

입담 좋은 진행자와 따스한 눈빛의 PD가 한 팀이 되어 우리의 일상을 기록했다. 각자의 방에서 펼쳐지는 소소한 이야기들, 그리고 동해에 관한 생각들이 하나하나 카메라에 담겼다. 내 차례가 되자 야외 테이블에 앉아 계획을 세우고 사진을 찍는 모습을 자연스레 보여주었다. "동해의 매력이 뭐냐"는 질문에, 새벽에 찍은 일출 사진을 꺼내 보이며 대답했다.

"매일 아침 감동을 선물 받아요. 새로 태어나는 기분이죠. 그게 가장 큰 매력이에요."

개인별 촬영이 끝난 후, 우리는 동해 시니어클럽에서 운영하는 상점에서 교복을 빌려 입었다. 장흥 토요시장에서 입어본 후 두 번째로 입어보는 교복이었다. 학창 시절에도 걸쳐보지 못한 교복

을 논골담길에서 입어보다니. 교련복 바지에 모자를 쓰고 나갔다.

골목을 구석구석 누비며, 까르르 웃음소리로 논골담길을 채웠다. 지나가던 할머니도 발걸음을 멈추고 미소 띤 얼굴로 우리를 바라보셨다. 어쩌면 그분들은 자신의 청춘을 우리에게서 보셨을지도 모르겠다. 잊지 못할 추억을 새기던 그날, 방송 촬영은 반나절 만에 끝났지만, 이야기는 계속됐다. 묵호항이 발아래 펼쳐진 언덕 위에서, 우리는 또다시 싱싱한 골뱅이를 삶아 먹으며 밤늦도록 이야기꽃을 피웠다. 카메라는 떠났지만, 진짜 이야기는 그때부터 시작이었다.

매일 물회를 먹을 수 있다니,
여기는 천국?

: 진모래횟집 + 동북횟집 + 부흥횟집

"가장 좋아하는 음식이 뭐예요?"

누군가 물으면, 망설임 없이 "물회"를 외친다. 싱싱한 회 위로 양념장을 살포시 얹어 오물오물 씹을 때면, 입안 가득 펼쳐지는 바다의 향연에 절로 '바로 이 맛이야!'라고 감탄한다. 다른 음식은 어디서 먹어도 좋지만, 물회만큼은 바닷가에서 먹어야 제맛이다. 신선도는 물론, 넉넉한 양까지 도시의 물회와는 비교조차 할 수 없다. 문득 물회가 생각나면 바다가 떠오르고, 바다가 그리울 때면 물회 생각이 난다. 둘 중 어느 것이 먼저인지 구분할 수 없을 만큼, 내 안에서 물회와 바다는 하나가 되어버렸다.

지역마다 물회의 얼굴은 달랐다. 『제주맛집』을 쓸 때 섬 구석구석을 누비며 제주 물회의 맛을 찾아다녔다. 제주에서는 자리물회나 한치물회를 먹곤 했다. 특히 자리물회의 독특한 식감과 맛은 혀끝에 생생하다. 옛날 제주 사람들의 단백질 공급원이었던, 자리물회. 구수한 된장으로 버무린 자리물회는 독특함에 있어 다른 물회가 따라갈 수 없다. 투박한 테이블 위에 덩그러니 놓인 빙초산

병, 물회 옆자리를 지키던 분홍빛 생막걸리, 그리고 눈앞에 넘실대던 제주 바다까지. 모든 것이 어우러져 종합예술처럼 다가온다.

물회와의 운명적인 만남은 고성에서 시작됐다. 아낌없이 그릇이 넘치게 담긴 싱싱한 재료는 해산물 마니아인 나를 단번에 사로잡기에 충분했다. 그 후 속초든 포항이든 영덕이든, 동해안 어디를 가든 물회를 찾았다. 『여행작가들은 여행 가서 뭘 먹을까?』라는 책을 동료들과 함께 쓸 때도, 나는 주저 없이 '물회'를 택했다.

싱싱하고 풍성한 물회를 언제든지 맛볼 수 있다는 점은 동해살이의 빼놓을 수 없는 즐거움이다. 찰진 회와 새콤한 국물, 신선한 채소가 어우러진 물회는 행복감을 안겨준다. 물회 덕후인 나에게 이보다 더 완벽한 곳이 있을까. 유명 물횟집이 줄지어 있는 데다, 처음 가는 식당에서도 물회는 늘 기대 이상이다. 동해의 모든 물회는 맛있으니, 선택 기준을 다른 데 두는 게 낫다. 손님이 붐비는 식당은 피하고, 반찬이 정갈한 집을 고르는 식으로.

묵호의 대표 물횟집은 부흥횟집이다. 50년 전통을 자랑하는 노포로, 문 앞에는 긴 줄이 늘어서 있다. 이런 횟집은 관광객에게 양보하고, 조용히 옆 건물 2층의 동북횟집으로 향한다. 싱싱한 잡어가 우묵한 그릇에 넉넉히 차 있다. 창가에 앉으면 방파제 너머 바다도 보인다. 비가 오는 날 촉촉해진 바다를 바라보며, 지장수 막걸리 한 병을 물회에 곁들인다. 그러다 보면 어느새 나도 항

구의 일부가 되어 있다. "바닷가 살이의 맛이 바로 이거지." 혼잣말이 절로 나온다.

따끈한 국물이 당기고 풍성한 반찬을 즐기고 싶은 날이면 진모래횟집을 찾는다. 동해 토박이 어르신이 추천해 준 곳인데, 처음에는 '과연 맛집 맞나?' 의심했다. 관광객들로 북적이는 거리 한복판이라 더욱 그랬다. 갸우뚱하던 차에 테이블 위에 차려진 반찬을 보고 의심은 아이스크림처럼 사르르 녹았다. 가자미식해부터 잡채, 고니전까지 맛깔스러운 반찬이 테이블을 가득 채워 강진 한정식집에 온 착각이 들었다. 브루스(남편)와 둘이 가면, 물회 1인분, 회덮밥 1인분을 주문한다. 이 조합이면, 맑디맑은 지리탕까지 등장한다. 물론 물회 맛은 말할 것도 없다.

다시 태어나는 기분이란

모든 일을 새롭게 만드는 해돋이.
밀린 일로 괴로운 마음도 하얗게.

신비롭다. 불면에 시달릴 만큼 고된 날도, 아무것도 하기 싫은
순간도, 떠오르는 태양을 보면 의욕이 생긴다.
"뭐 있어, 그냥 해볼까? 아니면 말고."
어깨를 짓누르던 무거움이 사라지고 배포가 두둑해진다. 태양
이 붉은빛을 세상에 차르르 뿌리는 그 순간, 바닥을 드러낸 에너
지도 스멀스멀 차오른다. 매일 같이 맞이하지만, 일출은 언제나
새롭고 놀랍다.

날마다 일출을 보면, 감동도 무뎌질 줄 알았다. 웬걸. 동해에 머
물며 매일 해맞이를 나가도 그 황홀함은 줄지 않았다. 알람은 언
제나 일출 한 시간 전에 맞춰져 있고, 발바닥은 삼십 분 전부터
간질간질해졌다. '오늘 해는 어떤 색일까, 무슨 모양일까?' 문을

열고 어둠 속으로 나갈 때마다 설렘이 가득했다. 해는 나올 생각도 안 하는데, 심장은 눈치 없이 쿵쾅거렸다.

　해가 뜨는 일이야 숨 쉬는 것만큼이나 자연스럽지만, 돌아보니 매일 아침 일출을 본 적은 없었다. 처음에는 '일출이 거기서 거기지, 뭐'라며 별 기대도 없었다. 생각은 얼마 안 가 바뀌었다. 해 뜨는 광경은 하루하루 놀라울 정도로 달랐다. 어느 날은 파도 소리가 거칠고, 또 어느 날은 잔잔했다. 구름에 숨기도, 바다와 하늘 사이에서 수줍은 얼굴을 살짝 내밀기도 했다. 황홀하게 솟아올라, 온 세상을 붉게 물들이는 날도 있었다. 해는 매번 다른 얼굴로 떠올랐다.

묵호에 와서 달라진 점 중 하나가 잠자리에 드는 시간이었다. 해를 맞이하기 위해 일찍 잠들어야 했다. 여름에는 새벽 5시 전에 떠오르는 태양이지만, 다행히 9월 일출 시각은 6시 언저리였다. 여름보다는 늦게 해가 떠 여유가 있지만 충분히 자야 아침에 더 가뿐하게 일어날 수 있으니까.

그날도 일출을 보기 위해 바람의 언덕으로 향했다. 한쪽 구석에서 동네 고양이 한 마리(나중에 알고 보니 이름이 '백설이'였다)가 달려왔다. 전날 먹은 매운탕 냄새가 남아 있어서일까. 녀석은 내 주변을 맴돌았다. 츄르라도 챙겨둘걸, 미안했다.

어슬렁거리는 백설이를 뒤로하고 일출이 잘 보이는 자리에 섰다. 칠흑 같은 바다 위, 어둠 속에서 반짝이는 불빛 하나가 보였다. 마치 '오늘을 기대해'라고 속삭이는 듯했다. 해 뜨기 전 어둠 속에서는 등대가 주인이었다. 360도 돌며 바다를 비췄다. 작은 배 한 척이 등대 불빛에 의지해 길을 나아갔다. 어둠 속에 반짝이는 오징어잡이 배도 인상적이었다. 반짝이는 아름다움에 눈이 커졌다가, 배 위 어부들의 노고를 떠올리며 손을 모았다.

해가 뜨기 직전의 하늘을 사랑한다. 깊고 짙은 바다색이 옅어지고 구름도 어디론가 흩어진다. 어제는 파스텔톤의 부드러운 하늘이고, 오늘은 트로피칼 빛으로 물든 하늘이다. 매일 달라지는 하늘의 공연을 매일 다른 찬사로 감탄한다. 하늘의 색에 빠져 있다 보면, 어느새 바다와 하늘 사이로 주인공이 등장한다. 해가 뜬다.

느리고 당당하다.

　카메라 셔터를 여러 차례 누르고, 의자에 앉아 가부좌를 틀었
다. 이어서 눈을 감고 입을 벌렸다. 모자라 보일지 모르지만, 그
렇게 해를 먹었다. 바다와 산과 마을이 태양에 물들며 깨어나듯,
나도 그 빛을 삼키며 새롭게 태어났다. 황금빛을 머금은 바다는
찬란하게 빛나고, 마을에 생기가 돋았다. 내 안의 깊은 곳에 잠들
어 있던 에너지도 함께 눈을 떴다. 매일 아침, 다시 태어나는 기
분. 동해에서의 시간이 쌓일수록 나는 점점 더 일출 예찬론자가
되어갔다.

친구 따라 묵호에 온 H

: 북평민속시장 + 한섬해변

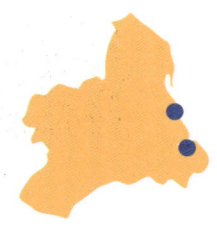

손바닥만 한 방이지만, 묵호의 그린 방은 충분히 편안했다. 파도 부서지는 소리가 자장가처럼 들렸고, 창을 열면 짭조름한 바닷바람이 달려들었다. 브루스가 다녀간 후, 친구 H가 묵호에 오기로 했다. 이곳의 압도적인 전망과 다정한 정취를 나만 즐기긴 아까웠다.

서대문에 있는 S사에 다닐 때 단짝이었던 친구 H는 토요일 하늘이 붉게 타오를 즈음, 묵호에 도착했다. 우리는 신선한 회 한 접시를 앞에 두고, 바다를 안주 삼아 수다 퍼레이드를 펼칠 예정이었다. 그런데 금요일 수업 막바지에 수강생 한 분이 '토요 번개'를 제안하는 바람에, H는 갑작스럽게 수업을 듣는 어르신과 합석하게 되었다. 예상 밖의 조합이었지만, 잔을 부딪치는 순간 어색함은 사라지고 우리는 여행의 세계로 빠져들었다. 네팔 트레킹, 인도네시아 발리 여행, 그리고 100대 명산에 대한 이야기가 강물 흐르듯 자연스럽게 이어졌다. 여행과 동해에 대한 흥겨운 대화를 나누다 보니, 시간은 모래알처럼 손가락 사이로 술술 흘

러갔다.

　다음 날, H와 북평장으로 향했다. 북평장은 뒷자리가 3일과 8일인 날 열리는 오일장이다. 정선에서 내려오는 42번 국도와 태백의 38번 국도, 남북으로 이어진 7번 국도가 교차하는 절묘한 위치 덕에, 사방에서 사람들이 모여든다. 바다와 산을 모두 품은 동해답게, 북평장은 싱싱한 해산물과 푸릇푸릇한 산나물로 풍성하다.

　북평장에 가면 반드시 거쳐야 할 의식이 있다. 바로 소머리국밥을 한 그릇 먹는 것이다. 현재 북평장의 얼굴은 어물전이지만, 과

거에는 쇠전(우시장)이 시장의 중심이었다. 새벽마다 영동지방 곳곳에서 소를 몰고 온 상인과 거간꾼들이 몰려들었다. 비록 2008년 우시장은 사라졌지만, 그 시절 국밥을 팔던 식당들은 여전히 북평장을 지키고 있다.

　대여섯 개의 국밥집이 나란히 늘어선 골목에는 가게마다 김이 모락모락 피어올랐다. 단골 국밥집에 들어가 국밥 한 그릇을 뚝

딱 비우고 나오는데, 길모퉁이에서 익숙한 얼굴이 등장했다. '토요 번개'를 제안해 바로 전날 신나게 여행 이야기를 나누었던 선생님이었다. 우연과 인연이 한데 엉킨 이 만남에 H는 웃으며 말했다.

"동해 참 좋네요."

북평장을 한 바퀴 구경하고, 하이라이트인 오징어 난전으로 향했다. 4차선 대로 한쪽에 활어 물탱크가 늘어서 있고, 몇 시간 전까지만 해도 바다에서 유영했을 오징어들이 힘차게 헤엄치고 있었다. 필사적으로 탈출하려는 오징어 중 몇 마리를 고른 후, 회를 떠 달라고 요청했다. 오징어에게는 미안한 일이지만, 국밥을 먹은 후임에도 불구하고 군침이 돌았다.

우리는 한섬해변으로 직행했다. 차 트렁크에서 캠핑 의자를 꺼내 바다를 정면으로 마주하고 앉았다. 하늘은 눈부시게 맑았고, 끼룩거리는 갈매기와 철썩이는 파도가 우리만을 위한 오케스트라가 되어 주었다. 따사로운 햇살이 머리 위에 쏟아졌고, 파도에 부서지는 햇빛이 금빛 물결을 수놓았다. 모든 게 완벽했다.

'행복이 뭐 별건가. 바다 앞에 앉아 친구와 맛있는 음식을 먹는 것만으로 충분하지'라는 생각이 스쳤다. 오징어 한 점을 입에 넣고, 바다를 바라보며 아무 말도 하지 않았다. 그저 미소를 짓고, 이 순간을 마음 깊이 새길 뿐이었다.

동해의 양대 장칼국수

: 대우칼국수 + 오뚜기칼국수

어쩌다 먹는 이야기를 계속하게 되었지만, 먹는 건 중요하니까. 장칼국수는 동해를 대표하는 음식이다. 도대체 칼국수가 맛있으면 얼마나 맛있다고 동해를 대표한다는 말인가. 동해에 오기 전까지는 칼국수라고 하면 산처럼 조개가 쌓여있는 서해의 바지락칼국수와 공주나 대전의 칼칼한 칼국수가 떠올랐다. 어린 시절부터 한결같은 나의 최애 명동칼국수도 빼놓을 수 없다.

묵호에 와서, 새로운 세계를 경험했다. 장칼국수라는 세계였다. 장칼국수, 너란 놈. 말 그대로 칼국수에 '장'을 넣은 칼국수다. 된장이 아니라 고추장이다. 그래서 매콤하고 칼칼하다. 냉이를 넣기도 하고 달걀과 깨를 담기도 하는 등 집마다 비법이 다르다. 요즘은 재료가 더 다양해져서 홍합 장칼국수, 감자 장칼국수 등 장칼국수 앞에 붙는 이름도 여럿이다.

동해에 장칼국수가 유명한 이유가 있다. 춥디추운 겨울, 고기잡이를 마치고 온 어부들이 빠르게 먹을 수 있는 음식이 국수였다.

그냥 먹기 심심하니, 국수에 고추장을 넣어 칼칼하게 먹은 게 시작이다.

"추운데 가릴 게 뭐 있어. 빨리 뜨거운 국물 먹을 수 있으면 됐지."

묵호항에서 고기잡이하시던 어르신은 장칼국수를 회상하며 말씀하셨다. 삶의 고단함을 달래준 위로의 한 그릇이라고나 할까. 장칼국수 한 그릇에 담긴 이야기는 동해처럼 깊고 넓다. 어부들의 지친 삶을 안아주고 추운 겨울을 이겨내게 했던 소박한 한 그릇의 음식은, 지금도 우리 마음을 따뜻하게 데워준다.

묵호에는 하나로칼국수, 우리칼국수, 동해칼국수, 흥부칼국수 등 칼국숫집이 여럿이다. 이렇게 많은 칼국수 가게가 있음에도 불구하고 오뚜기 칼국수와 대우 칼국수 두 집 앞에 유독 줄이 길다. 좀처럼 대기 줄을 찾아보기 힘든 동해에서 이른 아침부터 줄을 선다는 건 놀라운 일이다.

두 곳의 칼국수를 모두 먹어봤다. 두 식당의 칼국수를 비교하려고, 일부러 하루에 두 가게에서 연속 장칼국수를 먹은 적도 있었다. 결론은? 비교란 부질없다! 맛은 기본. 분위기와 켜켜이 쌓인 시간의 결이 다른 것일 뿐. 맛의 우위보다는 각자의 취향에 따라 선호도가 갈릴 뿐이었다.

먼저 대우칼국수. 앞 간판에는 '60년 전통'이라고 쓰여 있고 뒤에는 '50년 전통'이라고 붙어 있다. 50년이든 60년이든 상관없다. 입구에 들어서자마자 노포임을 알 수 있으니까. 좁디좁은 계단을 따라 올라가면 금방이라도 쓰러질 것 같은 나무 미닫이문이 나온다. 테이블이 네 개쯤 있고 작은 방이 보인다. 방에도 테이블이 있다. 흰머리의 할머니는 능수능란한 포스로 국수를 삶는다. 옆에는 할아버지가 거드시는데 뭔가 어설프다. 시골 할머니 집에 놀러 온 기분이랄까(현재는 딸과 사위가 운영해서 이 분위기는 사라졌다. 안타깝게도 할아버지는 돌아가셨다). 걸쭉한 국물과 향긋한 김, 고소한 깨는 변함없는 오랜 세월 맛의 진리를 보여준다.

　다음은 오뚜기칼국수. 낡은 벽이 세월을 말한다. 가격 변동의 흔적이 역사의 한 페이지처럼 남아 있다. 가격을 바꿀 때마다 덧댄 자국이 정겹다. 어떤 메뉴는 가위표를 치고 그 위에 바뀐 가격을 적었다. 옛날 시골에서 흔히 보던 오래된 식당 풍경이다. 오뚜기칼국수도 할머니가 운영하신다. 도와주는 분이 있지만, 할머니가 진두지휘하며 칼국수를 낸다. 한 그릇 비우고, 두 손으로 돈을 드리면 "고맙습니다. 오늘도 행복한 하루 보내세요"라고 덕담을 건네신다. 같은 말도 할머니의 목소리를 빌려 들으면 결이 다르다. 정겹고 친절하고 사랑스럽고. 두 식당에 사람들이 줄 서는 이유를 조목조목 설명하기는 힘들지만 느낌으로나마 어렴풋이 알 것 같다.

생사를 넘나든 잎새바람의 비밀

: 잎새바람

도서관 강의를 마치고 노트북을 정리하는데, 사서 선생님이 부드러운 미소를 띠며 물었다.

"혹시 잎새바람 가보셨어요?"

잎새바람이라니, 이름부터 시 한 구절 같았다. 현지인만 아는 숨은 공간을 추천해 달라고 했더니, 갑자기 그곳이 떠올랐다며 말을 이었다.

"호불호가 갈릴 수 있는 곳인데요. 작가님이라면 흥미로워하실 것 같아서요. 산속에 있는 찻집인데, 고즈넉해서 저도 가끔 가요."

귀가 솔깃했다. 검색해 보니, 블로그 몇 개에만 겨우 흔적이 남아 있었다. 사진 속 공간은 허름한 시골집을 개조한 듯했다. 먼지를 뒤집어쓴 가구, 정체불명의 돌멩이, 오래된 카세트테이프가 곳곳에 흩어져 있었다. 흘러간 옛 노래가 BGM으로 깔리는 무인 카페. 산속에 있다니 궁금증이 더 커졌다.

며칠 후, 브루스가 서울에서 내려오는 날을 기다려 잎새바람으로 향했다. 처음 가는 길이라, 내비게이션이 알려준 길을 따라갔다. 고요한 숲의 속삭임과 산새들의 노래가 자연의 합창처럼 귀를 간지럽혔다. 평화롭던 분위기도 잠시, 도로는 점점 좁아졌다. 숲이 깊어질수록 걱정이 늘어가던 찰나, 드디어 집 한 채가 보였다. 하지만 안도의 한숨도 잠시, 그곳은 잎새바람이 아니라 석현사라는 절이었다. 내비게이션도 난감해하는 듯했다. 정신을 차려 보니 잎새바람을 이미 지나쳤다.

문제는 차였다. 길이 너무 좁아 차를 돌릴 공간이 없었다. 아래 공터까지 후진하거나 더 올라가 차를 돌릴 만한 곳을 찾아야 했다. 그때 브루스가 자신만만하게 말했다.

"여기서 돌릴 수 있어!"

무리라며 말렸지만, '한다'면 하는 브루스를 말릴 재간이 없었다. 베테랑 드라이버인 그를 믿기로 하고, 눈을 질끈 감았다. 브루스가 "자, 갑니다" 하는 순간 아뿔싸. 사건은 순간에 일어났다. 스턴이(차 애칭)는 산길을 벗어나 계곡으로 기울었다. 다행히 나무 덕분에 떨어지지 않았지만, 절반이 공중에 떠 있었다. 뉴스에서나 보던 아찔한 장면 속에 들어와 있었다. 움직일 수도, 차 밖으로 뛰쳐나갈 수도 없었다. 자칫하면 스턴이가 균형을 잃고 아래로 떨어질 판이었다.

브루스 얼굴에 당황한 표정이 역력했다. 연신 미안하다고 했지만, 중요한 건 사과가 아니라 해결책이었다. 심호흡을 하고 최대한 중심을 유지하며 차에서 겨우 탈출했다. 십년감수라는 말은 이런 데 쓰는구나 싶었다.

이제 할 일은 보험사에 연락해 견인차를 부르는 것이었다. 외진 곳에 있어, 한 시간이 지나고서야 구조차가 도착했다. 견인차 기사는 스턴이 위치를 한참 살펴보더니 연신 고개만 갸우뚱거렸다.

"이거, 쉽지 않겠는데요. 일단 한번 해보죠."

견인 고리에 로프를 걸고 견인차가 당기는 순간, 고리가 터져버렸다.

"허허, 이러면 손 쓸 방도가 없어요. 저는 여기까지입니다."

기사는 방법이 없다며, 머쓱한 표정으로 돌아갔다.

스턴이는 여전히 아슬아슬하게 매달려, 금방이라도 계곡으로 떨어질 것처럼 보였다. 다행히 해는 중천에 있었지만, 막막했다. 브루스는 "이제 어떡하지"를 연발하며, 이리저리 전화하고 여기저기 뛰어다녔다. 하늘이 무너져도 솟아날 구멍은 있다고 했던가. 기적처럼 구세주가 나타났다. 근처에서 공사하던 굴삭기가 눈에 들어온 것. 브루스는 달려가 기사님께 사정을 말씀드렸고, 기사님은 흔쾌히 방향을 돌려 계곡 쪽으로 올라와 주셨다. 로프를 차축에 묶어 연결한 후 굴삭기로 살살 들어 올렸다. 얼마 지나지 않아, 스턴이는 번쩍 들려졌고 안전하게 구조됐다. 작업을 마친 기사님께서 "아이고, 여기 조금 찌그러졌네요"라고 하셨지만, 전혀 상관없었다. 우리는 그저 감사할 따름이었다. 굴삭기 기사님께 거듭 고개를 숙였다. 90도 인사를 드리고 또 드렸다.

일주일 후, 브루스와 함께 막걸리를 들고 다시 그 길을 찾았다. 나무는 여전히 같은 자리에 서 있었다. 나무 정령께 "지켜주셔서 고맙습니다. 다치게 해서 죄송합니다"라고 인사를 올렸다. 이 일로 동해와 인연이 더 깊어진 것 같다고, 종종 찾아오겠다고 조심스레 나무 주위에 막걸리를 뿌렸다.

2부

잔잔하게,
여행책방 한번 해볼까?

book

여행의 흔적이 고스란히 살아 숨 쉬는 책방.
잔잔하게, 여행자들에게는 동해의 숨은 이야기를 들려주고,
현지인들에게 더 넓은 세상을 소개하는 다리가 되고 싶었다.

동해에서 살아보고 싶은 마음

9월에 시작한 동해 한 달 살기는 연장을 거듭해 12월에 마침표를 찍었다. 한 달 살기였지만, 온전히 30일을 연속해 머문 적은 한 번도 없었다. 코로나 기간이었지만, 해외 출장이 줄어든 만큼 국내 출장이 잦았기 때문이다. 아쉬움에 매달 마지막 주에는 동해시에 '한 달만 더'를 요청했고, 다행히 '그린 방'의 유효기간은 늘어났다.

그러나 모든 일은 끝이 있는 법. 엄마의 중차대한 호출로, 묵호를 떠나야 했다. 아쉬운 마음에 발걸음이 떨어지지 않았고 가슴에는 큰 구멍이 난 듯, 마음이 헛헛했다.

그해 겨울은 춥지 않았다. 아니, 추울 틈이 없었다. 병원은 반팔 티셔츠가 충분할 정도로 따뜻했다. 엄마와 밥을 먹고 이야기를 나누고, 운동하며 겨우내 병원에서 시간을 보냈다. 창밖으로 함박눈이 내리고, 옷깃을 단단히 여민 사람들이 잰걸음으로 지나갔다. 창을 사이에 두고 완전히 다른 세상이었다.

엄마의 네 번째 다리 수술. 인공관절 수술이 아니라, 기존 관절을 최대한 이용하는 시술이라고 했다. 오른쪽 다리에 심을 넣고, 2년 후에 뺐다. 다시 왼쪽 다리에 심을 넣고 또 2년 후에 빼는 과정이었다.

첫 수술 후 6년이 지나 드디어 마지막 수술이었다. 첫 수술 때는 엄마도 가족들도 병원 생활이 낯설었는데, 입원도 네 번째가 되니 익숙해졌다. 그 사이 코로나라는 몹쓸 바이러스 때문에, 간호 환경이 바뀐 것만 빼면. 보호자가 한 번 병원에 들어가면 병원 밖으로 나가기 힘들었다. 보호자도 병원에 들어갈 때마다 코로나 검사를 받고 결과를 제출해야 했기 때문이다.

덕분에 엄마와 두 달간 병원에서 합숙했다. 코로나를 원망했지만, 돌아보면 엄마와 24시간 함께 있었던 그때가 선물 같은 시간이었다. 엄마 손을 잡고 숟가락을 뜨고, 병원 복도를 나란히 거닐고, 목욕을 거들고. 엄마와 온전히 함께한 귀한 시간이었다.

간호가 끝나고, 서울 마곡동 집으로 돌아왔을 때는 계절이 바뀌어 있었다. 세상은 연둣빛으로 일렁이고 한강 변에는 라이더들이 봄기운을 가르며 달리고 있었다. 베란다에서 한강을 바라봤다. 성난 파도가 달려들던 동해의 거센 바다와 달리, 유유히 흐르는 고요한 한강도 사랑스러웠다. 잔잔한 물살처럼, 나의 시간도 천천히 흐르고 있었다.

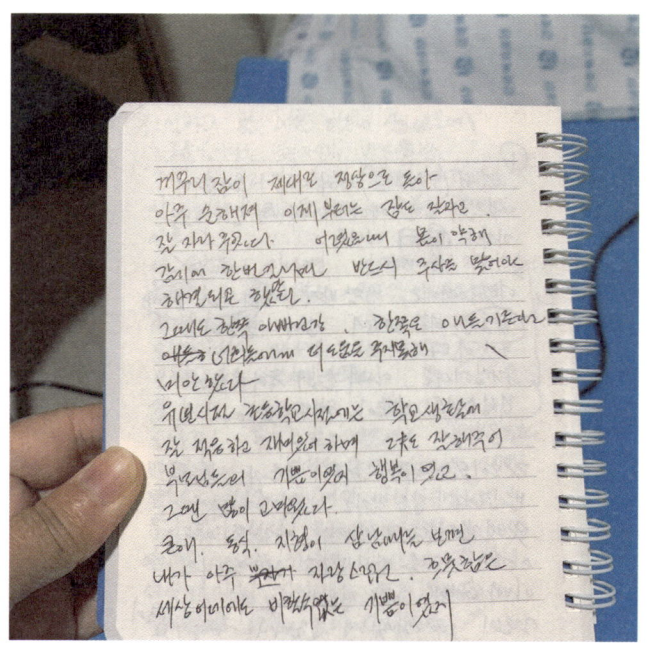

서울의 일상이 다시 시작됐다. 식물원을 거닐고 수영을 하고 원고를 쓰고 취재를 다녔다. 신안으로 부산으로 산청으로, 부르면 어디든 달려갔다. 프리랜서의 삶은 일정하지 않지만, 불확실성 속에 계속 새로운 곳을 만나는 즐거움이 있었다.

하루하루 바쁘게 살다 보니, 동해에서의 시간이 꿈처럼 아득했다. 내가 정말 동해에 머물렀던가? 매일 보던 일출이 떠오르지만, 실감이 나지 않았다. '그래, 동해에서 한번 살아보고 싶었지'라는 생각이 종종 올라왔다. 하지만 다음 일이 들어오면 그 생각은 밀려나고, 또 희미해지다 어디론가 사라졌다.

그러던 8월 어느 날 달력을 넘기다 문득 깨달았다. 한 해의 3분의 2가 지나고 있다는 사실을. 부지런히 살긴 했지만, 연초에 마음 한구석에 품었던 꿈, 동해에서 살아보고 싶다는 바람이 결국 물거품처럼 사라지는 걸까. 이렇게 또 한 해를 보내는 걸까. 올해가 아니면, 동해에서 살아보고 싶은 마음도 점점 옅어질 것만 같았다. 순간 느껴지는 멀미 같은 감정을 애써 다독였다.

"서울살이도 그다지 나쁘지 않은데 말이야. 한강과 궁산이 앞에 있고 식물원과 수영장, 미술관이 걸어서 갈 거리에 있잖아. 하던 일도 그대로 하면 되고."

눈에서 멀어지면 마음에서 멀어진다는 말, 딱 맞았다. 다시 캘린더를 뚫어져라 쳐다봤다. 떠나야 하는가, 남아야 하는가. 동해의 푸른 바다와 서울의 익숙한 풍경 사이에서, 나의 마음은 한참을 떠돌았다.

묵호에서 뭐 하지?

라디오에서 들은 뇌과학자의 인터뷰 한 구절이 떠올랐다.

"새로운 습관을 만드는 일은 뇌와의 싸움이지요. 뇌는 의외로 무척 강한 힘으로 잡아당겨요. 작은 습관이라도 바꾸려면 뇌가 15kg의 무게를 감내해야 한답니다."

'해도 후회 안 해도 후회. 망설이지 말고, 일단 해보고 후회할 것.'

관성을 넘어서지 않으면 새로움을 맛볼 수 없고, 편안함에서 벗어나지 않으면 자유를 누릴 수 없으니까.

"그래, 가보자고."

한 달의 짧은 여행이 될지, 긴 항해가 될지 알 수 없지만 운명의 주사위를 던지기로 했다. 다행히 동반자인 브루스도 동해행에 찬성했다. 삶의 닻을 올리는 일은 혼자서 결정할 수도, 해서도 안 되는 일. 브루스의 목소리는 나침반처럼 중요했다.

유목민 같은 여행작가의 삶이지만, 동해라는 새로운 땅에 뿌리를 내리려면 서울이라는 익숙한 흙에서 떠나야 한다. 동해에서 무엇을 가꿀 수 있을까? 브루스와 함께 고민했다. 각자 하고 싶은 일을 하나둘 얘기했다. 책을 쓰고 만드는 일을 줄곧 해 왔으니, 자그마한 동네책방을 열어보는 것도 나쁘지 않을 듯했다.

저녁 식탁에서 불현듯 브루스에게 물었다.

"묵호에는 책방이 없더라고. 어때? 작은 책방 해보는 거?"

브루스는 눈을 반짝이며 "나 어렸을 때 서점 하는 게 꿈이었는데!"라고 했다.

"어릴 적 꿈이 동네서점 아저씨였어. 손님에게 책을 건네고, 책 읽는 모습이 여유로워 보였어."

즉석에서 동해에서 할 일이 정해졌다.

"어떤 책방이 좋을까?"

"여행 좋아하는 이들이 모여서 여행 이야기도 나누고 독서 모임도 하는, 참새방앗간 같은 공간 어떨까?"

"그래그래, 여행과 책, 두 가지 키워드로 공간을 만들어 보자."

결혼 이후 이렇게 의견이 맞은 적이 없었다. 오랜만에 의기투합, 동해로 향했다.

"무언가를 간절히 원할 때 온 우주는 자네의 소망이 실현되도록 도와준다네."

파울로 코엘료의 책 『연금술사』의 한 구절이다.

텔레파시가 통했는지, 동해행을 결심한 다음 날, 동해의 지인으로부터 전화가 왔다. "동해 다시 오신다더니 안 오세요?"라고. 서울 가더니 감감무소식이라, 동해를 잊었나 싶었다고. 혹시 공간이 필요하다면, 빈집이 몇 곳 있으니 와서 보라고 했다. 동해에 머물 때, 다시 오고 싶다고 이야기하고 다니길 잘했다는 생각이 들었다. 마음의 끈을 놓지 않고 당겨주는 손길이 있으니.

쇠뿔도 단김에 빼라고 했던가. 브루스와 함께 책방을 열 공간을 보러 동해로 향했다. 아쉽게도 소개받은 빈집은 재건축이 필요할 정도로 상태가 좋지 않았다. 우리는 발품을 팔아 묵호 구석구석을 누볐다. 집을 보러 다니긴 했지만, 영업장을 얻는 건 처음이라 좋은 집과 나쁜 집의 경계가 희미했다. 그래서 우리만의 기준을 먼저 세웠다. 부담스럽지 않은 월세(작업실 얻는다고 생각하고), 책방 인테리어 비용을 최소화할 수 있는 곳(혹시 책방이 우리에게 안 맞을 수도 있으므로), 역에서 가까우면 플러스라는 기준으로 공간을 보러 다녔다.

묵호역 근처에 있는 공간 A는 마음에 들었지만, 월세가 높았고 공간 B는 마음에 들고 월세도 저렴했지만, 수리하는 데 엄청난 비용이 들 것 같았다. 공간 C는 다 좋았는데 너무 좁았다. D, E, F 등 20여 곳의 '임대'라는 이름표가 달린 문을 두드린 후, 완벽한 공간을 찾기가 쉽지 않다는 사실을 절절하게 깨달았다.

책방 자리를 정하지 못하고 허탈하게 서울로 올라가는 길. 춘천에서 공간을 운영하는 후배 오사가 생각났다. 회사 동료였지만, 퇴사 후에 더 자주 연락하는 친구였다. 오사는 회사를 그만둔 후 펜션과 게스트하우스를 운영했다. 그리고 현재는 자신이 원하는 숲속의 고요한 공간, 썸원스페이지 숲을 만들어 멋지게 가꾸고 있다. 서울-양양 고속도로를 달리다 춘천으로 방향을 틀어 오사를 만나러 갔다.

오아시스 같은 오사의 공간에 도착했을 때, 하늘은 이미 검푸른 물감을 풀어놓은 듯했다. 썸원스페이지에는 오사만 있는 게 아니었다. 공간에 일가견이 있는 오사 친구들이 모여 있었다. 오사는 함께 이야기하자며 가장 큰 에반스 방으로 안내했다.

상기된 얼굴로 동해의 꿈을 털어놓자, 제주도와 수원, 서울 각지에서 모인 오사 친구들은 따스한 미소를 지으며 각자의 이야기를 들려줬다. 그리고 자신에게 맞는 공간을 찾는 일이 얼마나 중요하고 어려운 일인지도 알려줬다. 캄캄한 밤바다를 헤매는 우리에게, 그들은 속도를 조금 늦추라고 조언했다. 그러면서 인연이 닿는 공간을 찾을 거라고 다독여 줬다. 그들의 격려와 응원 덕분에 서울로 가는 밤길이 그다지 어둡게 느껴지지 않았다.

놀라움은 아침 햇살과 함께 찾아왔다. 오사가 보내온 사진에는 전날 밤 춘천에서 만난 이들이 묵호를 배경으로 환하게 미소 짓고 있었다. 우리 고민을 들은 그들은 묵호가 궁금하다며 새벽길을 달려 묵호에 간 것이었다. 고민을 진지하게 들어주고 진심 어린 조언을 준 것만으로 충분히 고마웠는데, 고민하던 공간을 직접 보러 춘천에서 묵호까지 2시간이나 달려가다니. 따스한 마음과 놀라운 행동력, 감동과 감사와 감탄이 파도처럼 밀려왔다.

아레카야자를 들이고, '꽃들의 말'을 팔다

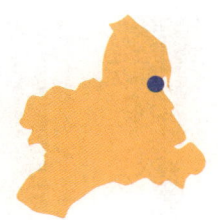

: 여행책방 잔잔하게

울퉁불퉁 비포장도로를 달리는 기분이었다. 매끄럽게 맞물린 톱니바퀴처럼 순탄한 여정이 아니었다. 공간을 찾는 일은 지도 없이 미지의 땅을 헤매는 것과 비슷했다. 브루스와 매일 충돌했다. 내 눈에 보물창고 같은 공간이 브루스에게는 먼지 쌓인 창고에 불과했고, 그에게 합리적인 선택으로 보이는 가게는 내게 물결 없는 호수처럼 밋밋해 보였다. 의견 차이를 좁히지 못한 채 거리를 걷다가, 또 다른 '임대'라는 글자가 적힌 현수막을 발견했다. 수십 번 지나다녔는데, 못 보고 지나친 공간이었다.

새 옷을 갈아입은 듯 막 리모델링이 끝난 내부는 깔끔했다. 물감이 닿지 않은 새하얀 도화지처럼, 누군가의 손길을 기다리고 있었다. 금상첨화는 비밀공간처럼 작은 방이 있다는 점이었다. 바로 옆 신한은행 ATM 뒤편에 자리한 그곳은 동화 속 숨겨진 공간 같았다. 생각보다 작은 면적과 다른 공간에 비해 높은 월세를 제외하면, 모든 점이 마음에 들었다.

　2층에 사는 주인을 만나, 월세를 조금이라도 낮춰보려고 밀고 당기기를 시도했지만 실패했다. 브루스와 나는 인사를 하고 나와, 서울로 돌아갔다. 추석이 문턱에 있어, 일단 기다림의 시간이 필요했다. 고속도로를 달리며, 우리는 다시 한번 주사위를 던지기로 했다. 추석이 지나도 비어 있다면, 우리를 기다리는 것이라 여기기로 했다. 공간과 사람 사이에 보이지 않는 인연이 있다는 어렴풋한 믿음을 시험해 보기로 했다.

　"안녕하세요. 혹시 가게 나갔나요?"
　"아니요. 아직이요."
　전류가 온몸을 관통하는 듯했다. 우리의 첫 번째 공간이 결정된 순간이었다. 바로 내려가서 계약서에 도장을 찍었다. 그리고 차례차례 할 일을 이어갔다. 사업자등록을 하고 POS를 연결하고 카드사에 연락했다. 미로를 통과하듯, 하나의 문을 열면 또 다른 문이 나타났다.

공간 배치도 만만치 않았다. 브투스의 책상 위치를 정하는 일이 첫 번째였다. 커피를 내릴 때(카페를 하지 않더라도) 물이 필요하니, 브루스의 자리는 자연스레 입구가 아닌 가장 안쪽으로 정해졌다. 책장은 벽을 따라 줄지어 세우면 될 것 같았다. 그러나 난제는 정면 창가였다. 햇볕이 강하게 내리쬐는 곳에 책을 진열하면 표지가 금세 바래질 터였다. 팔지 않을 책을 장식처럼 두는 것도 어울리지 않았다.

그때 구원투수로 동식 선배가 등판했다. 30년 전 태국 깐차나부리에서 처음 만난 이후, 어려운 일에 처할 때마다 마법사처럼 등장해 해결책을 알려주던 선배였다. 묵호에 책방을 연다고 했을 때 '그러다 말겠지' 하는 표정을 지었지만, 막상 공간을 계약했다고 하니 동해로 달려왔다. 공간에 대한 감각이 남다른 동식 선배는 이미 답을 알고 있다는 듯이 단언했다.

"여기는 식물이야. 식물을 놓아야 해. 앞에 책은 없어도 괜찮아."

식물은 생각해 보지 못한 요소였지만, 그의 확신에 찬 목소리에 어느새 우리는 구글에서 꽃집을 검색하고 있었다. 책상 위에서 설계도를 그리던 세 사람은 발걸음을 재촉해 동해 곳곳의 꽃집을 순례하기 시작했다.

"저 여인초는 잘 자랐는데, 크기가 아쉽네. 떡갈 고무나무나 몬스테라도 나쁘지 않은데, 내가 그리는 그림과는 거리가 있어."

동식 선배의 까다로운 눈에 들어맞는 식물을 찾는 일은 쉽지 않았다. 우리가 책방을 여는 것인지, 식물원을 준비하는 것인지 헷갈릴 정도로 그의 열정은 뜨거웠다. 발한동에서 시작해 부곡동, 천곡동을 거쳐 북평까지 도시를 샅샅이 훑었다. 다행히 북평시장 안쪽 꽃집에 동식 선배의 눈을 사로잡은 아레카야자가 있었다. 푸릇푸릇 반짝이는 아레카야자는 존재만으로도 공간에 생명을 불어넣으리란 확신이 들었다.

아레카야자는 공기 정화의 명수라고 했다. 높이 1.8m의 아레카야자는 하루 평균 1리터의 수분을 내뿜고 유해 물질을 흡수한다. 미국 항공우주국에서도 최고의 공기정화식물로 인정했다고. 동식 선배가 고른 아레카야자는 키가 컸다. 어떻게 옮겨야 할지 난감해하자, 꽃집 사장님은 걱정하지 말라며, 직접 배달해 주겠다고 약속했다.

"책방에 아레카야자가 떡 하니 있으면, 그 자체로 인테리어는 완성이야."

동식 선배의 말에 설레는 마음으로 배달을 기다렸다. 여려 보이던 꽃집 주인이 트럭을 몰고 나타나, 놀라울 정도로 능숙하게 아레카야자를 책방 안으로 옮기며 물었다.

"여기 뭐가 생기는 거예요?"

"책방이요. 동네책방을 준비하고 있어요."

꽃집 사장님은 눈을 크게 뜨며 "책방이요?"라고 되물었다. 당신도 책을 무척 좋아한다며, 드문드문 책이 채워진 책장을 호기심 어린 눈으로 살폈다. 그러더니 요안나 콘세이요의 『꽃들의 말』을 손에 들었다. 세로로 긴 판형의 이 책은 세 가지 꽃말에 얽힌 이야기를 섬세하게 그린 그림책으로, 내용만큼이나 만듦새가 아름다웠다. 책장을 넘기던 그녀는 문득 "이 책 살게요"라고 했다.

카드 단말기도 도착하지 않았고 페인트칠도 마무리하지 못한 상태였지만, 우리는 첫 손님을 맞이하게 됐다.

"옛날에는 이 동네에 서점이 여럿 있었어요. 저도 책을 무척 좋아하고요. 오래오래 책방 잘 운영하시길 바랄게요."

그녀가 남긴 따스한 덕담이 공간을 데웠다. 아레카야자를 들이고, 『꽃들의 말』을 팔았다. 바라던 소소한 행복이 이제 막 싹을 틔우는 듯했다.

잔잔하게, 동네책방을 열어보자

책방을 하겠다고 마음먹은 후, 가장 부지런히 한 일은 '읽기'였다. 선배 책방지기의 책을 쌓아놓고 열심히 책장을 넘겼다. 책방지기의 희로애락이 솔직하게 담겨 있었다. 선배들의 발자취를 따라가는 기분으로 문장 하나하나를 음미했다.

책을 읽다 보니, 직접 가봐야겠다는 생각이 들었다. 두 발로 직접 책방을 찾아다니며, 공간에 스며든 이야기를 눈과 손끝으로 느껴봐야겠다 싶었다. 지방 취재가 있을 때면 동네서점이 있는지부터 찾아봤고, 일정을 조정해서라도 책방에 들렀다.

각기 다른 온도를 품은 책방들. 이름도 하나같이 개성 넘치고 기발했다. 때로는 입가에 미소를 머금게 했고 때로는 그 속에 담긴 이야기가 궁금해졌다. 친구를 만나러 성북구를 찾았을 때 들른 한 책방, '부비프(buvif)'. 부다페스트, 비엔나, 프라하의 앞 글자를 딴 이름으로, 책방지기 부부가 책방을 생각하며 여행한 도시들이라고 했다. 세 도시의 감성과 기억이 포개진 이름이라니, 그 자체로 인상적이었다.

"우리 책방 이름, 뭐라고 지을까?"

"글쎄."

빈 커서만 깜박이는 노트북을 앞에 두고 브루스와 '아무말 대잔치'를 시작했다.

"'동해책방'은 평범하고, '묵호책방'은 지역색이 너무 강하고. 맞다, '문어책방'은 어떨까? 여기 문어가 많잖아. 그리고 '문'을 글월 문, '어'를 말씀 어를 쓰면 책하고도 잘 어울리고."

"너무 즉흥적이야. 좀 더 생각해 보자. 우리가 진짜 좋아하는 것들로. 그리고 한글이면 더 좋지 않을까?"

"우리가 좋아하는 거? 작고 소박하고 귀엽고, 그런 거?"

"응."

소소한 책방, 소박한 책방, 귀여운 책방. 뭔가 부족했다. 그러던 중 며칠 전 엄마와 길을 걷다 나눈 대화가 문득 떠올랐다.

"꽃이 참 잔잔해서 예쁘다"라고 하신 엄마의 말씀이 머릿속에서 일렁였다. 생각해 보니, 잔잔한 파도도 좋아했다. 즐겨 듣는 음악도 잔잔한 곡이 대부분이었고, 마음에 오래 남는 일도 잔잔한 일들이었다.

"잔잔하게, 어때?"

"뭐? 한잔하게?"

"아니, 잔잔하게. 우리가 좋아하는 것이 다 잔잔하잖아. 음악도 그렇고 꽃도 그렇고."

"맞다. 잔잔한 파도도 좋아하고."

그렇게 우리는 눈빛을 주고받으며 미소 지었다. 30분 만에, 우리의 책방은 '잔잔하게'라는 이름을 갖게 되었다.

마조렐 블루와 겨자색을 채우다

'잔잔하게'라고 이름을 짓고 나니, 큰일 하나를 마친 듯 개운했다. 이제 공간을 제대로 꾸밀 차례였다. 다른 책방을 벤치마킹하고 인테리어 책도 쌓아놓고 보았지만, 감이 잡히지 않았다. 그때 마침 춘천의 오사에게 전화가 왔다.

"잘 되고 있어, 누나?"

"모르겠어. 뭘 어떻게 해야 할지."

"처음부터 다 갖추려고 하지 마요. 누나랑 브루스만으로 콘텐츠가 충분한데 뭐가 걱정이야. 인테리어는 그때그때 하면 돼요. 급하게 생각하지 마세요."

공간 선배인 오사의 조언은 어두운 밤길을 비추는 등불 같았다. 태어날 때부터 모든 걸 알고 태어난 사람이 어디 있으랴. 천천히 차곡차곡 만들어 가면 되지. 한 번에 다 하려고 하지 말자고, 마음을 다독였다.

그래도 책방이니 책장은 있어야 했다. 직접 책장을 맞추려니 시간도 비용도 만만치 않았다. 깔끔한 책장이면 충분하겠다고 생각

하고, 고양에 있는 이케아에서 빌리 책장을 사 왔다. 세 개쯤이면 되지 않을까 했는데, 책이 들어오자, 책장이 턱없이 부족하다는 걸 깨달았다. 아쉬운 대로, 책을 놓을 수 있는 가구는 일단 책장으로 용도가 바뀌었다. 수십 년 전 엄마가 약국을 운영할 때 쓰시던 낡은 약장도 책장으로 변신했다.

책을 더 잘 보이게 하려면 매거진 책장이 필요했다. 브루스는 잡지를 보더니, 직접 만들 수 있을 것 같다고 자신감을 내비쳤다. 우리는 가구점 대신 목재상을 찾았다. 동해터미널 근처에 있는 고려목재에 가서 커다란 나무 판과 책을 올릴 선반을 사서 차에 실었다. 브루스는 드릴로 구멍을 뚫고 그동안 나는 흔들리지 않게 힘껏 판을 잡았다. 땀이 송글송글 맺혔다. 그렇게 100% DIY 책장이 완성됐다. 책을 올려보니, 마치 오래전부터 그 자리에 있었던 듯 자연스러웠다. 처음 만들어 본 책장이라서 그런지, 더 신기하고 애틋했다.

다음은 간판. 외부 간판은 만들지 않기로 했다(지금은 있다).

"간판이 없으면 오히려 궁금해서 문을 열지 않을까?"

"그래, 간판 없는 게 아이덴티티가 될 수도 있어."

"눈 밝은 사람은 알아보고 들어으겠지?"

간판은 우선순위에서 밀렸다. 그런데 예상치 못한 곳에서 벽을 만났다. POS를 설치하기 위해 카드사에 신청서를 넣었더니, 간판이 잘 보이는 전면 사진을 보내라고 했다. 선택이 아닌 필수 사항이라고 했다. 어떻게든 간판을 만들어야 했다. 그때 아이용 교구인 가베가 눈에 들어왔다. 집에 어린이는 없지만, 가베의 색과 선, 모양이 좋아서 세트로 모아놓고 있었다. 길쭉한 모양의 가베를 나무 판에 붙여 알록달록한 '잔잔하게' 간판을 만들었다. 유년 시절 블록을 쌓던 기분이었다. 만들어 놓고 보니 제법 멋스러웠다. 낚싯줄로 유리창에 걸어놓으니 완성. 다행히 한고비 또 넘겼다.

마지막으로 작은 방을 꾸밀 차례였다. 브루스에게 부탁했다.

"이 방은 내 마음대로 페인트칠하고 싶어."

　브루스는 흔쾌히 고개를 끄덕였다. 언젠가부터 이런 공간이 생기면 꼭 칠하고 싶은 색이 있었다. 향수를 잔뜩 머금은 색, 마조렐 블루. 모로코 마라케시에서 보고 반해버린 색이었다. 아쉽게도 페인트 색에는 마조렐 블루가 없었다. 가장 발색이 비슷한 페인트를 골라 칠했다. 밀짚모자를 쓰고 위에서부터 아래까지 정성껏 색을 입혔다. 그리고 내가 가장 좋아하는 색 조합인, 파랑과 노랑을 완성하기 위해 겨자색 의자와 노란 조명을 주문했다. 마조렐 블루 벽 앞에 노란색 의자를 놓으니, 밥을 먹지 않아도 배부른 기분이었다.

첫 손님이 남긴 노란 장미 한 송이

꼬물꼬물 소꿉장난하듯 책상을 놓고 책을 꽂으며 하루를 보냈다. 마음만 앞서고 몸은 더뎠다. 하루, 이틀 시간은 조용히, 그러나 빠르게 흘러가고 있었다. 할 일이 많지 않아 보였는데, 막상 시작하니 손 갈 곳이 한두 군데가 아니었다. 그러고 보니 모든 일이 그랬다. 밖에서 보면 '뭐, 금방 하지. 쉬워 보이는데' 싶다가도, 정작 시작하면 '이렇게 복잡한 일이었어?'라며 혀를 내두른다. 변화 없이 일주일이 흘렀고, 이런 속도라면 올해 안에 시작할 수나 있을까 걱정될 정도였다.

결단을 내렸다. 엉성하더라도 문을 먼저 열기로. 날도 정했다. 일주일 후인 2021년 10월 18일. 특별한 날은 아니지만, 의미는 만들기 나름이니까. '1+0+1+8=10' 날짜를 구성하는 수를 더하면, 완벽한 10이 된다. 우리의 자그마한 공간이 완벽과는 거리는 멀지만, 한 걸음씩 완벽을 향해 나아가겠다는 다짐을 담았다.

개업일을 정하고 나서 첫 번째 한 일은 떡을 맞추는 것이었다.

동쪽바다 중앙시장에 있는 떡집을 돌아다녔다. 인터넷에서 본 세련된 포장의 떡보다는 정겨운 동네 떡집에서 만든 소박한 떡이 더 어울릴 것 같았다. 몇 군데 떡을 맛보고 결정. 뭔가 시작한다는 것은 선택의 연속이었다.

선배 책방지기의 책 내용 중 인상 깊었던 부분 중 하나가 책방을 연 첫날 풍경이었다.

'손님을 기다리지만, 손님이 책방 문을 열고 들어오는 게 무서웠다'는 고백들. 짠한 마음과 부러움이 함께 들었다.

그리고 드디어, 우리에게도 그날이 왔다. 책방 문이 열리고, 누군가 들어왔다. 무려 세 명이나 우르르. 브루스와 나는 어찌해야 할지 모른 채 어색하게 서 있었다. 손님들이 책을 고르는 사이, 우리는 조심스럽게 다가가 개업 떡을 내밀며 여쭈었다.

"어떻게 알고 오셨어요?"

"여기 매일 지나다니는데, 뭐가 생기는지 궁금했어요. 그리고 인스타그램에서 오늘 책방 오픈하신다고 봤거든요."

눈물 나게 고맙고 반가웠다. 얼어붙었던 분위기는 몇 마디 대화로 녹아내렸고, 공간엔 훈훈함이 퍼졌다. 개업 떡을 건네며 "고맙습니다"라는 인사도 잊지 않았다.

그때, 한 손님이 노란 장미 한 송이를 건넸다.

"책방 여신 걸 축하하고 환영해요."

짧은 한마디에 감동이 물밀듯 밀려왔다. 어쩌면 이곳에서 잘 지낼 수 있겠다는 예감이 들었다. 하늘에서 떨어진 이유 없는 선물처럼 초심자에겐 더없이 고마운 환대였다.

장미를 선물한 분은 알고 보니, 동해의 유일한 동네책방인 서호책방 사장님이었다.

"그동안 동해에 동네책방이 저희밖에 없어서 너무 외로웠어요. 진심으로 환영합니다."

활짝 웃으며 건넨 따뜻한 인사. 그녀의 미소는 오래전부터 알고 지낸 친구처럼 반갑고 든든했다. 첫날 수많은 일이 있었지만 가장 기억 남는 순간이었다.

여행을 꿈꾸는 여행자의 공간

동네책방의 특징은 책방지기의 개성이 담긴 큐레이션에 있다. 여행책방 잔잔하게 큐레이션 첫 번째 키워드는 '여행'이다. 여행과 책은 닮아있다. 둘 다 새로운 세상으로 이끄는 마법 같은 통로다. 책을 읽는 순간 우리는 시간과 공간을 초월해 미지의 세계를 탐험한다. 나는 『여행의 힘』이라는 책에 '여행은 서서 하는 독서, 책은 앉아서 하는 여행'이라고 쓰기도 했다.

책방을 열던 시기는 코로나가 한창이던 때라, 답답함을 호소하는 이들이 많았다. 물리적으로 떠날 수 없을 때, 책을 통해서라도 세계를 경험할 수 있다면 얼마나 다행스러운 일인가. 특히 좋은 여행책 한 권은 닫힌 문을 열고 바람을 불어넣기 충분하다. 그 마음으로 여행 에세이를 한 권, 두 권 책장에 꽂기 시작했다.

동해를 비롯한 로컬 관련 책도 골고루 책장을 장식했다. 책방을 준비하면서 '여행자에게는 동해를, 동해 현지인에게는 세계를 보여주는 책방'이 되면 좋겠다고 생각했다. 여행자들에게는 동해의 숨은 이야기를 들려주고, 현지인들에게 더 넓은 세상을 소개하는

다리가 되고 싶었다.

책방이 바다에서 멀지 않으니, 자연스럽게 바다를 주제로 한 책도 하나둘 추가했다. 그러다 보니 글쓰기, 나이 듦, 정원, 공간 등 삶을 풍성하게 만드는 키워드들이 가지처럼 뻗어나갔다. 처음에는 서가가 빈약했지만, 책을 더할수록 소개하고 싶은 책이 기하급수적으로 늘어나 책장이 묵직해졌다. 연남동에서 비밀책방 페잇퍼를 운영하는 친구 민정이가 생각났다. 첫 만화책방을 준비하며 엑셀에 좋아하는 만화책의 리스트를 한가득 적고 나니, 마냥 행복하더라고 그녀는 말했다. 그 기분을 우리도 조금씩 알아갔다.

서가가 있는 직사각형 공간 끝은 비밀스러운 작은 방으로 이어

진다. 작은 방에는 30여 년간 세계를 여
행하면서 모은 인형을 전시했다. 나미
비아에서 데려온 유일무이한 힘바여
인을 비롯해, 불가리아에서 사 온 꽃
따는 아가씨, 모로코 젬마엘프나 광장의
물장수 아저씨, 루마니아의 드라큘라, 프랑스
에서 온 어린왕자 인형까지. 저마다의 이야기를 품은 작은 존재
들이 조용히 손님들을 맞았다.

인형을 전시할 가구를 고민하다, 오래전 유행했던 벽돌과 나무
판 책장을 떠올렸다. 인형들은 무겁지 않아, 벽돌과 얇은 나무판
만으로 충분했다. 무엇보다 원하면 언제든 해체하고 다시 조립할
수 있다는 점이 마음에 들었다.

작은 방은 책방을 찾는 이들에게 특별한 기쁨을 주었다. 어떤
손님은 '한 자리에서 세계 일주를 한 기분'이라고 했다. 호기심을
가지고 인형에 어떤 의미가 있는지, 어디에서 사 왔는지 자세히
묻는 어린이도 적지 않았다. 여행의 흔적이
고스란히 살아 숨 쉬는 책방. 새하얗게
빈 공간이었지만, 여행책방 잔잔하게
는 시간이 갈수록 여행자의 공간다워
지고 있었다.

책방 휴일엔 무릉계곡으로

: 무릉계곡 베틀바위

책방의 휴일은 화요일이다. 특별한 일이 없는 한 화요일은 문을 닫는다. 묵호의 상점 중 상당수가 같은 요일 쉬어서, 손님들은 가끔 "화요일에 다 같이 쉬기로 약속이라도 했나요?"라고 묻는다. 그럴 리가 있나. 자연스럽게 화요일로 정해졌을 뿐이다.

책방을 열고 처음 맞이한 휴일. 그저 쉬는 게 아니라, 기억에 남는 '쉼'을 하고 싶었다. 낚시를 해 볼까, 강원도의 어느 한적한 마을로 떠나볼까. 고민 끝에 등산으로 의견을 모았다. 책방을 오픈하느라 기운을 다 소진한 상태. 방전된 에너지를 자연에서 채워야겠다는 생각이었다. '지구력은 머리로 키우는 것이 아니라 몸이 기억하게 하는 것'이라는 말이 떠올랐다. 그렇다면 일주일에 하루쯤은 몸을 위해 써야겠다고 마음먹었다.

이곳은 산과 바다가 지척인 동해. 책방에서 20분만 차로 달리면, 무릉계곡의 울울창창한 숲이 열린다. 세상에나, 2시간도 아니고 20분이라니. 놀라운 접근성에 감탄하며, 두타산으로 출발

했다. 개방한 지 얼마 지나지 않은 베틀바위와 마천루도 마음 설레게 했다.

　매표소를 지날 때, 문화해설사 선생님과 눈이 마주쳤다.

　"무릉이라는 이름은 도연명의 산문 『도화원기』에서 왔는데, 여기에서 깊은 산속에 숨은 낙원을 '무릉도원'이라고 불렀답니다. 조선 선조 때 삼척 부사 김효원이 붙인 이름이고요."

　해설사님은 속사포처럼 이야기를 쏟아냈다. 등산객들의 빠른 발걸음 속에서도 하나라도 더 전해 주고 싶어 하는 열정이 느껴졌다. 그 정성이 고마워 걸음을 잠시 멈추고 이야기에 귀를 기울였다.

무릉계곡은 두타산과 청옥산을 배경으로 한 선경(仙境) 같은 곳. 입구를 지나자마자 신선교가 나타났다. 인간계와 선계를 나누는 듯한 다리였다. 그 위에서 바라본 산은 오랜 벗처럼 우리를 맞아 주었다. 계곡을 따라 걷다 보니, 내가 좋아하는 무릉반석이 모습을 드러냈다. 5,000㎡(1,500여 평)에 이르는 너럭바위. 조선의 명필 봉래 양사언의 '武陵仙源 中臺泉石 頭陀洞天(무릉선원 중대천석 두타동천)'이라는 글귀가 선명했다. 산천의 아름다움을 노래한 그 문장 앞에서 고개가 절로 끄덕여졌다.

표지판 너머, 단원 김홍도의 그림이 눈길을 끌었다. 정조의 명으로 금강산과 관동팔경을 화폭에 담았던 그가 그린 '금강사군첩'의 '무릉계'. 세월이 흘렀지만, 화폭 속 풍경과 내 앞에 펼쳐진 경치가 크게 다르지 않았다. 시간의 틈새를 거슬러 올라가는 기분이 들었다.

무릉반석부터 쌍폭포까지, 산책하듯 천천히 걸었다. 초록색 터널 속에 숨 쉬고 있는 것만으로 충만했다. '가장 철학적이고 예술적이고 혁명적인 인간의 행위는 걷기'라던 리베카 솔닛의 말이 생각났다. 『걷기의 인문학』에서 그녀는 '보행은 몸과 마음과 세상이 한편이 된 상태다. 오랜 불화 끝에 대화를 시작한 세 사람처럼, 문득 화음을 들려주는 세 음표처럼'이라고 서술했다. 걷는 동안, 내 몸과 화해하고, 머릿속을 어지럽히던 생각들을 하나둘 정리하기 시작했다.

한 걸음 내디딜 때마다 산의 맑은 공기가 폐 깊숙이 스며들고, 가슴 속에 막혀 있던 탁한 기운이 빠져나갔다. 1시간 30분쯤 걸었을까, 쌍폭포가 등장했다. 두타산에서 흘러내린 왼쪽 폭포와 청옥산에서 발원한 물이 떨어지는 오른쪽 폭포가 쌍폭포를 만들어 냈다. 가슴에 쌓였던 답답함도 폭포를 따라 총총 떠내려갔다.

폭포 근처에서 한숨 돌린 후, 다시 길을 나섰다. 산길이 깊어질수록 가슴이 뻥 뚫렸다. 흐르는 구름도, 지저귀는 산새도 좋은 길벗이 되어 주었다. 데크 계단을 타고 오르니, 한 폭의 진경산수화 속을 거니는 느낌이 들었다. 병풍처럼 펼쳐진 바위, 그 위로 쏟아지는 물줄기. 반대편 산속에 아스라이 보이는 용추폭포에서도 물줄기가 계속 흐르고 있었다. 가까이에서 볼 때와 느낌이 달랐다.

미디어 아트의 실사판을 보듯, 고요함 속에 흐르는 물줄기를 하염없이 바라봤다.

마지막 코스는 '한국의 장가계(張家界)'라 불리는 베틀바위였다. 기기묘묘한 풍광에 '역시 두타산'이라는 생각이 들었다. 처음엔 어디가 베틀을 닮았다는 건지 아리송했지만, 한참 바라보니 베를 짤 때 나오는 대처럼 삐죽빼죽한 형상이 보였다.

베틀바위 전망대부터는 하산 길이었다. 경사 급한 나무 계단을 지나, 회양목 군락지와 숯가마 터가 차례로 나타났다. 내려가는 발걸음은 가벼웠다. 산행의 마무리는 금강송 군락지인 휴휴명상 쉼터. 쭉쭉 뻗은 금강송 아래 앉아, 숨을 골랐다. 어디에선가 들려오는 새소리의 리듬에 맞춰 가슴 속에 에너지가 조금씩 차올랐다. 몸과 마음과 세상이 그렇게 하나가 되었다.

토요일 10시,
이보다 더 좋을 순 없다

: 끼룩상점 + 111호 프로젝트

책방 문을 열 즈음 묵호에서 젊은 사장님을 찾기란 쉽지 않았다. 동쪽 바다 중앙시장 앞 청년몰에 둥지를 튼 끼룩상점이 유일했다. 우리보다 6개월 정도 먼저 문을 연 끼룩상점은 디자이너인 나래 대표가 직접 만든 굿즈를 판매하는 기념품 가게로, 이미 입소문을 타고 젊은 여행자의 발걸음이 끊이지 않는 곳이었다. 수줍은 성격의 사장님은 동해가 고향이지만 서울에서 직장생활을 하다가 고향으로 내려와 기념품 가게를 열었다.

음식점만 가득한 묵호에서, 기념품 가게의 존재는 큰 의지가 됐다. 보이지 않는 실로 연결된 듯 묘한 동지 의식이 흘렀다. 서로 안부를 묻던 어느 날, 차라도 한잔하면 좋겠다는 생각이 들었다. 그래서 끼룩 사장님께 살짝 물었다.

"우리 토요일마다 티타임 하면 어때요? 11시에 문 여니까, 10시부터 10시 50분 정도까지요."

주제도 목적도 없었다. 굳이 목적을 찾자면, 향 좋은 커피 한 잔 마시면서 무용한 시간을 보내는 것이라고나 할까. 답답할 때, 즐거울 때, 고민스러울 때, 그 어떤 이야기도 나눌 수 있는 시간이면 좋겠다 싶었다.

고맙게도 끼룩상점 사장님은 흔쾌히 "좋아요!"라고 봄바람처럼 답했다. 그날부터 토요일 오전 10시, 우리의 작은 의식이 시작됐다. '햇살이 좋아요, 비가 오네요' 같은 날씨로 시작해서 음악과 영화, 책, 뉴스, 꽃, 고양이 이야기가 쉼 없이 이어졌다. 우리가 모로코나 그리스, 불가리아 출장을 다녀오거나 나래 사장님이 우드락 페스티벌이나 서울 퍼블리셔스 테이블을 보고 오면 이야기보따리가 동해처럼 끝없이 펼쳐졌다.

어느덧 매주 토요일은 일주일 루틴의 중심에 자리 잡았다. 그러다 끼룩상점 건너편에 있는 111호 프로젝트 사장님이 합류했다. 111호 프로젝트 사장님은 LP에 진심인 동해 청년으로, 한동안 회사에 다니면서 공간을 운영했다. 그러다 동해를 기반으로 한 프로젝트를 만들어 보고 싶은 마음에, 퇴사하고 소품샵과 함께 여행자들을 대상으로 스냅사진을 찍어주는 '묵호필름투어'를 운영하고 있다.

넷이 모이니, 이야기는 사계절처럼 다양해지고 행동력이 더해졌다. 책방 안에만 있기 아까운 날씨에는 대진항이나 어달항에 가서 바람을 쐬며 차를 마셨다. 딱히 이야기를 나누지 않고 바다만 바라보고 있어도 좋았다.

벚꽃이 흩날리는 봄에는 흐드러진 벚꽃과 초록 이끼가 깔린 동
부 사택에 가서 피크닉 매트를 깔고 소풍을 즐겼다. 동화에 들어
간 기분이랄까. 끼룩상점 사장님과 111호 사장님은 이곳저곳에
서 보물 찾듯 향 좋은 원두를 공수해 왔고, 브루스는 연금술사처
럼 진지하게 커피를 내렸다. 분홍색 벚꽃 사이로 스며드는 햇살
을 볼 때면, 「이보다 더 좋을 순 없다」는 영화 제목이 파도처럼
밀려왔다.

어느 날 우리는 의기투합해서 '동해 버킷리스트'를 만들기로 했
다. '뚜벅이' 여행자들이 와서 해보면 좋을 만한 소소한 경험을 모

으기로 한 것이다. 생산적인 일은 지양하기로 했지만, 이 리스트를 만드는 건 순수하게 재미있었다. 머리를 맞대고 목록을 모으다 보니, 생각보다 동해에서 즐길 거리가 많았다. 그래서 우리가 주로 활동하는 묵호로 범위를 좁혔지만, 묵호만 해도 리스트가 상당히 길었다.

화룡점정은 끼룩상점 사장님이 맡았다. 디자이너인 끼룩상점 사장님이 마법사처럼 엽서 크기의 예쁜 묵호 버킷리스트를 완성했다. 한쪽 면에는 묵호 버킷리스트를 반대쪽에는 상점 주소와 지도를 넣었다. 수백 장 인쇄해서 무료로 배포했는데, 예상외로 여행자들에게 큰 인기를 끌었다. 책방에 오신 손님들도 버킷리스트를 보면서 "묵호 다 돌아본 줄 알았는데, 아직 할 게 많이 남았네!"라며 새로운 세계를 발견한 듯 재미있어해 은근 보람도 있었다.

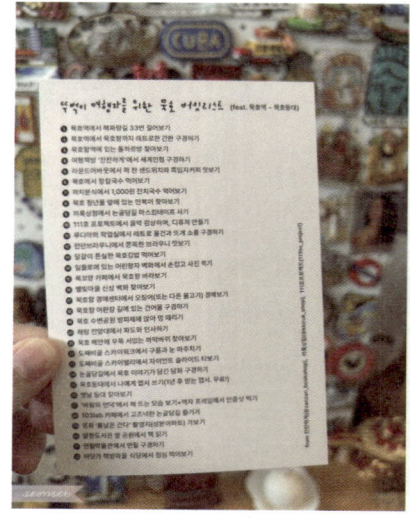

묵호의 시간을 더 달달하고 귀엽게 만들어 준 토요일 아침 10시. 혼자 노는 것보다, 함께 노는 게 더 즐겁다는 불변의 진리를 절절하게 깨달은 시간이었다.

책문화축제를 끝내고 난 후

: 동해평생학습관

'모르면 용감하다'는 나에게 딱 맞는 말이었다. 동해시청 홈페이지를 기웃거리다 우연히 '동해시 평생학습&책문화축제' 참여자 모집 공고를 발견했다. '책문화축제라고? 그렇다면, 묵호 유일의 책방 잔잔하게가 빠지면 안 되지!' 하는 마음에 망설임 없이 신청서를 보냈다.

"뭐 하는 축제야?"

브루스가 물었고 나는 대수롭지 않게 대답했다.

"나도 몰라. 일단 신청해 봤어. 뭐든 해보는 거지."

머릿속에는 퍼블리셔스 테이블을 비롯해 서울에서 열리는 다양한 창작자 대상 축제가 떠올랐다. 어떤 책을 가져갈지, 어떻게 눈길을 끌지 즐거운 고민이 시작됐다. 동해시에서 보기 쉽지 않은 청년들도 만날 수 있을 거라는 기대감도 있었다.

하지만 축제가 끝난 뒤, '나를 너무 믿었구나'라며 반성했다. 도전의 대가는 컸다. 이틀간 무진장 뜨거운 시간을 보내야 했다. 전시회 참여가 처음이라는 사실을 간과했고, 정확하게 어떤 사람들이 방문할지에 대한 사전 조사도 부족했다.

라스베이거스 CES 같은 대형 전시회를 취재했던 기자 생활 경험도 전혀 도움 되지 않았다. 취재원의 입장일 때와 운영자일 때 상황은 천지 차이였다. '재미있을 것 같아'라는 막연한 기대 속에 부스를 신청했지만, 행사 준비를 하려니 막막했다. 부스는 운동장처럼 넓어 보이고, 체험 행사는 뭘 해야 할지 감이 잡히지 않았다. 설상가상 행사 당일 새벽에는 추암해변에서 열리는 '일출 요가 페스티벌'에 참여해, 요가 시연까지 해야 했다. 몸도 마음도 분주했다.

우왕좌왕하는 상황 속에서도 준비한 아이템을 선보이긴 했다. 수채화 컬러링을 비롯한 엽서 쓰기, 좋은 문장 필사 같은 프로그램이었다. 그리고 여행책방이니, 빌 브라이슨의 『나를 부르는 숲』부터 무라카미 하루키의 『먼 북소리』, 니코스 카잔차키스의 『그리스인 조르바』를 비롯해 내가 사랑하는 여행책을 골라 전시했다. 20~30대의 관심을 끌 만한 독립출판물 코너와 화려한 팝업북도 잊지 않았다.

그러나 행사 시작과 동시에 착각이라는 사실을 깨달았다. 사방에서 동요가 울려 퍼졌고, 부스를 찾은 방문자의 80%는 어린이였다. 내가 큐레이션 한 책을 읽을 만한 연령대의 참여자는 어린

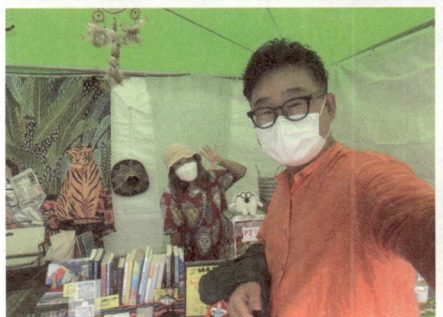

이 손을 잡고 온 부모님이었다. '책문화축제'라는 이름만 생각했지, 어린이를 위한 책 축제일 거라고는 생각하지 못했다.

그렇다고 손을 놓고 있을 순 없었다. 태세를 전환해 어린이들이 즐길만한 프로그램을 만들어야 했다. 다행히 책갈피 만들기는 어린이들에게 인기가 있었다. 난이도가 다소 높은 수채화 컬러링을 위한 재료는 가방에 넣어두고, 대신 사인펜과 마스킹테이프, 귀여운 스티커를 잔뜩 꺼내놓았다. 아이들은 마음에 드는 문장을 책갈피에 적고 스티커와 사인펜으로 아기자기하게 꾸몄다. 작은 손으로 공들여 만든 책갈피 하나하나 개성이 넘쳤다. 아이들의 창의력과 정성에 탄복했다. 예상보다 많은 어린이가 몰렸고, 어느새 나는 그들보다 더 신이 나 있었다.

예상치 못한 인기 코너는 '문장 뽑기' 이벤트였다. '자신을 위한 문장'을 뽑아보라는 의미로, 뽑기 기구 안에 좋은 문장을 담은 플라스틱 공을 넣어놓았다. 그런데 아이들은 문장보다는 기구를 돌리는 것 자체에 더 관심이 있어 보였다. 책갈피를 만들거나 엽서를 써야 뽑기에 참여할 수 있다는 말에 아이들은 열심히 그림을 그리고 앙증맞은 손으로 편지를 썼다. 한 꼬마는 친구 손을 이끌고 와 "선생님, 한 번 더 해도 돼요?"라며 똘망똘망한 눈으로 쳐다보기도 했다. 가끔 어린이들에게 어울리지 않는 문장이 뽑기에 나오기도 했다(어른을 대상으로 준비했기 때문에). '너무 열심히 살지 말아라'라는 의미의 문구가 나오면, 옆에 있는 부모님께 얼른 패스했다.

하루 종일 화장실도 마음 편하게 가지 못한 채 책갈피 만드는 방법을 설명하고 끈을 묶고 뽑기 레버를 함께 돌렸다. 행사가 끝나니 '탈진'이라는 단어의 의미가 절절히 다가왔다. 몸도 마음도 탈탈 털렸지만, 해맑은 아이들의 모습을 떠올리니 나름 고마운 하루였다. 색연필을 꽉 쥐고 그림을 그리던 손, 뽑기를 돌리며 반짝이던 눈망울, 기대 가득한 표정들이 소중한 추억이 되어 마음 한구석에 자리 잡았다. 잠자리에 누워 허리에 파스를 붙이며 문득 생각했다. '이러다가 내년에도 나가게 되는 건 아닐까?' 어쩐지 불길한 예감이 들었다.

완벽한 화이트 크리스마스

: 논골담길 + 103LAB + 여행책방 잔잔하게

수십 번의 크리스마스를 보냈지만, 가장 인상적인 날은 2021년 12월 25일이다. 신이 거대한 백색 담요를 세상에 덮어준 듯, 온 세상이 하얗게 변했다. 보통 화이트 크리스마스를 애타게 기다리지만, 하늘이 우리 소망을 들어준 적은 그다지 많지 않다. 그런데 2021년에는 기도도 하지 않았는데, 마치 세상을 모두 리셋하려는 듯, 눈이 대지를 하얗게 덮어버렸다. 하얗게 변한 세상만으로도 충분히 인상적인 성탄절이었지만, 그날은 더욱 특별했다.

책방을 오픈한 이후, 매주 서울을 오갔다. 서울 집에 있던 가구나 책을 가져와야 했기 때문이다. 차는 유목민의 짐수레나 다름없었다. 트렁크와 뒷자리에 빈틈없이 짐을 싣고 서울에서 동해로 향하곤 했다. 그런 날은 새벽 3~4시쯤 서울에서 출발했다. 조금만 늦어도 올림픽대로 교통량이 물밀듯 늘어나기 때문에, 서둘러 나서 휴게소에서 쪽잠을 자는 편을 택했다.

겨우 눈을 비비고 차에 타 올림픽대로에 올랐다. 국회의사당과

롯데타워를 지나, 내린천휴게소를 향해 달렸다. 추웠지만 길은 그다지 나쁘지 않았다. 다행이라 생각하며 서울 양양 고속도로에서 동해고속도로로 넘어갔는데, 흰 꽃잎이 흩뿌리듯 눈발이 날리기 시작했다. 영동지방은 이미 눈이 꽤 내렸는지, 어둠 속 도로 양옆이 하얗게 빛을 내고 있었다.

동해가 가까워지자, 서서히 동이 트기 시작했다. 하늘엔 구름이 낮게 깔려, 해가 뜨는 모습을 보진 못했다. 고속도로를 타고 서울에서 동해에 갈 때면, 잊지 않고 들르는 동해휴게소에 잠시 멈췄다. 바다가 보이는(심지어 화장실에서도 바다가 보인다) 휴게소에 들러, 전망대에 올랐다. 그곳에서 내려다보니, 망망대해가 한 품에 안겼다. 가슴이 뻥 뚫리면서 호탕해졌다. 호연지기가 절로 생기

는 장소라고나 할까. 아무도 밟지 않은 전망대의 눈을 밟으며, 강아지처럼 콩콩 뛰어다녔다. 세상이 하얗게 변했는데, 게다가 크리스마스라니. 신비로운 그림책 속에 들어온 기분이었다.

　동해휴게소의 전망대를 좋아하는 이유 중 하나는 유일무이한 풍광이 있어서다. 드넓은 바다만 생각하면, 다른 지역에서도 비슷한 모습을 볼 수 있지만, 여기에는 한옥이 있다. 단아하게 자리한 한옥과 거침없는 바다가 오랜 연인처럼 묘한 조화를 이룬다. 시시각각 밀려드는 파도, 그리고 안정감 있게 서 있는 한옥을 보면 아놀드 토인비의 책 『도전과 응전』이 생각난다. 거침없이 밀려드는 파도의 도전과 그것을 받아들이며 굳건히 서 있는 응전의 모습이 함께 하는 풍경. 여기에 눈까지 더해졌으니, 그야말로 놓칠 수 없는 한 폭의 그림이었다. 겨울바람을 맞으며 발가락이 시릴 때까지, 발밑에 펼쳐진 장관을 감상했다.

한참 바다를 바라보다, 논골담길의 모습이 궁금해졌다. 야트막한 지붕을 새하얀 눈이 포근하게 감싸고 있을 모습이 기대됐다. 묵호등대 주차장에 차를 놓고 골목으로 내려갔다. 종점 매점 아저씨가 나오셔서, 국가유공자 모자를 쓰고 상점 앞 눈을 치우고 계셨다. 조금 내려가니 여기저기서 눈 치우는 소리가 겨울 교향곡처럼 들렸다. 큼지막한 눈 치우개를 가지고 골목에 쌓인 눈을 이리저리 밀었다. 쓱쓱 싹싹 추르르르르. 이름 모를 합창단의 화음 같았다고나 할까.

바닷가 마을의 고요한 겨울 풍경은 없었다. 논골담길 곳곳에서 울려 퍼지는 눈 치우개 소리. 이런 소리는 처음이었다. 서울에서는 여러 사람이 동시다발적으로 눈을 치우는 모습을 본 적이 별로 없었다. 도로는 제설차가 와서 치워주고, 회사나 아파트 주변은 관리자분들이 눈을 빠르게 없애주셨다. 논골담길에서는 새하얀 눈만큼이나 눈을 치우는 소리가 흥미로웠다. 영화 「봄날은 간다」의 상우가 들고 있는 솜털 달린 큼지막한 마이크를 가져와 녹음이라도 해놓고 싶은 마음이었다.

눈이 와서 신난 크리스마스였지만, 느긋하게 즐길 여유는 없었다. 책방 문을 열어야 했기 때문이다. 브루스와 함께 논골담길을 내려가는데, 마치 우리가 오지에 살고 있는 듯했다. 여기저기서 눈을 쓸었지만 이미 꽁꽁 얼어붙은 길이 상당히 많았다. 논골담길 카페 103LAB에 들러 숨을 돌리며, 주인장 친구들과 화이트 크리스마스의 기쁨을 나눴다.

"쿠키쿠키, 조심해요. 넘어지기 딱 좋아요. 우리도 벌써, 몇 번 넘어졌어."

언제나처럼 할튼(103LAB 여사장님. '하여튼'을 자주 써서 할튼이라고 부른다)은 이름을 두 번 연속해 불렀다. 설마 했는데, 계단도 길도 다 꽁꽁 얼어있었다. 브루스와 나는 벽을 붙잡고 걸음마를 떼지 못한 아이처럼 엉금엉금 기어 논골담길을 내려왔다. 볼이 빨개진 우리는 어린 시절로 돌아간 기분을 만끽하며 책방으로 향했다. 아늑한 책방에 오니 천국이 따로 없었다. 향긋한 커피를 내리고 난로 옆에 앉아 생각했다. 완벽한 화이트 크리스마스라고.

무시무시한 봄바람, 양간지풍

강원도는 넓고 태백산은 높다. 동해에서 철원까지 가려면 3시간이 걸린다. 춘천도 2시간이다. 네바다 사막 이야기가 아니다. 서울에 살 때, 비가 주룩주룩 내리던 어느 날 엄마께 길 조심하시라고 전화를 드렸다. 광주에 계신 엄마는 웃으며 말씀하셨다.

"여긴 햇빛 쨍쨍한데? 대한민국 참 넓어."

어느 날은 동해에 비가 내린다는 일기예보를 보고 엄마가 전화를 주셨다.

"거기 비 오지? 빗길 조심해라."

"여기는 날씨 좋아. 햇빛이 따가워. 엄마, 강원도 참 넓어."

엄마도 나름대로 강원도 날씨를 신경 써 들으시고 전화하신 거지만, 한 가지 놓친 사실이 있었다. 이곳은 영서가 아닌 영동. 강원도 날씨는 영서와 영동이 한참 다르다. 영서는 산, 영동은 바다. 날씨의 차이는 높디높은 태백산맥 때문이다. 한반도의 등뼈를 이루는 태백산맥. 약 500km 이어진 이 산맥은 길고 높다. 해발 1,708m의 설악산도 태백산맥에 속한다. 일기예보를 찬찬히 들으며 지도를 보면, 영동만 다른 색으로 표시될 때가 많다. 영서는 폭설인데 영동은 맑고, 영서는 선선한데 영동은 비바람이 몰아친다. 지난여름 대관령 음악제를 보기 위해 묵호에서 기차를 타고 평창에 갔는데, 시원해서 다른 나라에 온 기분이 들 정도였다. 거대한 산맥은 구름도, 계절도, 바람의 결도 바꿔놓는다.

'바람' 하면 제주도가 먼저 떠오른다. 제주를 자전거로 일주할 때였다. 내리막길에서 온 힘을 다해 페달을 밟았는데도 자전거가 앞으로 나가지 않았다. 놀라운 경험 후, 바람만 불면 제주도가 생각났다. 그런데 동해에 살아보니, 이곳의 바람도 만만치 않았다. 특히 양간지풍이 부는 봄이 되면, 거리는 순식간에 아수라장이 되었다. 양간지풍은 강원도 서쪽에서 동쪽으로 부는 강한 바람으로, 봄철 심한 기압 차와 기온 때문에 발생하는 바람이다. 강릉 명주상회 이정임 대표도 『내가 좋아하는 것들, 강릉』에서 '바람이 불지 않으면 봄이 아니지. 4월이면 어김없이 미친 바람이 불어 댄다'고 했다.
　서쪽에서 불어오는 바람이 높은 태백산맥을 넘으면서, 따뜻한 공기가 차가운 공기보다 위에 있는 역전층을 만난다. 산을 타던 바람은 그로 인해 더 거칠어진다. 강력한 바람과 건조한 공기가 결합해, 산불 발생의 원인이 되기 때문에 봄이 되면 영동지방은 초긴장 상태에 돌입한다.

동해에서 처음 맞는 벚꽃의 계절이었다. 책방에서 책을 정리하던 어느 날, 책방 뒤에 있는 발한동 행정복지센터에서 사이렌 소리가 요란하게 울렸다. 흔히 있는 일이려니 했지만, 이번엔 달랐다. 나가서 물어보니, 산불이 났다고 했다. 말로만 듣던 산불이라니. 산불은 TV 뉴스에서만 봤지, 실제로 본 적은 없었다. 그때까지만 해도 얼마나 큰일이 일어났는지, 감지하지 못했다.

당시 울진에서 난 산불로 동해안 일대가 비상 상황이었다. 금방 꺼지겠지, 생각했는데 동해 바람을 전혀 모르는 순진한 기대였다. 119가 출동했지만, 119보다 더 빠른 게 바람이었다. 바람은 진군하는 병사처럼 곳곳을 점령했다. 주변 가게들은 서둘러 문을 닫았다. 거리에는 아무도 다니지 않고 먼지만 뒹굴었다. 책방 앞 가게는 간판이 날아가고, 물건이 무기가 되어 길거리를 날아다녔다. 우리는 사태의 심각성을 모른 채 책방 문을 열어두고 있었다.

브루스는 논골담길 상황은 어떤지 친구 도반에게 전화를 걸었다. 스마트폰 너머로 들려오는 도반의 목소리는 다급했다.

"불이 산을 타고 내려와! 게스트하우스에 불이 붙지 않게 물을 퍼붓고 있어."

전망 좋은 펜션 연리지는 이미 새까맣게 타버렸다고 했다. 재난 영화의 한 장면 같았다. 거리에는 날아다니는 간판과 창틀, 뒤집힌 지붕 조각이 난무했다. 아슬아슬 이어진 전깃줄은 바닥이 닿을 정도로 내려앉았고, 나무는 뿌리째 뽑혔다. 지붕이, 유리창이,

새시가 사라진 집이 하나둘이 아니었다. 발한삼거리 앞에는 불이 도심으로 확산되지 않도록 방호막이 세워져 있었다. 상황이 전쟁터처럼 급변했다.

책방 문을 닫아놓았지만, 회색빛 재가 스멀스멀 들어와 한쪽에 쌓였다. 책방 위로는 헬리콥터가 윙윙 소리 내며 분주하게 날아다녔다. 바닷물을 떠서, 부지런히 산으로 옮겼다. 바람 소리는 거대한 스피커를 틀어놓은 듯 울렸다. 새까만 숲과 매캐한 냄새와 시끄러운 소리, 산불은 눈·코·입 모든 구멍으로 느껴졌다.

불이 완전히 잡히는 데는 꽤 오랜 시간이 걸렸다. 일상으로 돌아오는 데는 더 많은 날이 필요했다. 그제야 알았다. 왜 봄이 되면 동해안 곳곳에 빨간 산불 조심 깃발이 펄럭이는지, 왜 산불 감시 요원이 곳곳에 배치되는지, 왜 스피커로 끊임없이 산불 예방을 외치는지. 그리고 왜 강원도의 바람이 두려움의 대상인지. 바람이 잦아들고, 재가 먼지로 흩어져 간 자리에서 깨달았다. 무시무시한 양간지풍의 위력을. 그리고 아무 일 없는 하루가 기적이라는 사실을.

우리가 이곳에서 글을 쓴다는 것

: 발한도서관 + 피아노 레스토랑

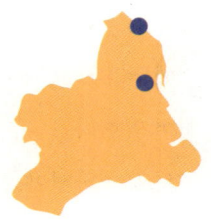

　책방을 연 지 얼마 지나지 않아, 발한도서관에서 수업을 들었던 김 선생님께 연락이 왔다. 꼭 한번 만나고 싶다고 했다.

　"저는 고향이라 있지만, 뭐 볼 게 있다고 동해까지 오셨어요. 오시니 저는 좋지만요."

　김 선생님의 환영 인사였다. 망상해수욕장이 시원하게 내려다보이는 피아노 레스토랑에서 해산물 볶음밥을 앞에 두고, 선생님은 이야기보따리를 풀어놓았다. 조용하고 온화한 인상과 달리, 그녀는 단단했다. 교사로 정년퇴직한 후부터 본격적으로 여행을 시작해, 미얀마나 동티모르 같은 오지를 다녔다고 했다.

　"발리를 여행하다 동티모르를 어쩌다 가게 됐는데, 그곳에는 아무것도 없더라고요. 그래서 좋았어요. 뭔가를 찾아보지 않아도 되는 자유로움 같은 게 있었거든요."

　특별히 볼거리가 없어서 오히려 좋은 여행지, 어떤 뜻인지 알 것 같았다. 여행에서조차 우리는 늘 '무엇을 봐야 한다'는 강박에 사로잡히곤 하니까. 그녀는 자신의 여행 이야기를 책으로 만들고 싶다고 했다. 마지막 수업 시간에 소개한 독립출판 사례를 듣고, 접어두었던 책에 대한 꿈을 다시 떠올렸다고 했다. 나는 손뼉을 치며 말했다.

"무조건 하셔야죠. 제가 도와드릴게요."

그런데 막상 김 선생님에게는 걸리는 부분이 있었다. "책을 내도 누가 읽겠어요. 그걸 생각하면 내는 게 의미가 있나 싶기도 해요"라고 하셨다. 그렇지 않아도 작고한 남편분의 유고 시집을 만들었는데, 자제분들이 관심이 없다고 서운해하는 눈치였다. 나는 조용히 미소를 지으며 말했다.

"제 생각에는 때가 있을 것 같아요. 선생님이 글을 쓰신다면, 당장은 아니더라도 언젠가 자제분들이 선생님 글을 읽으며, 감사할 날이 분명 올 거라고 믿어요."

진심이었다. 아빠가 돌아가신 후, 아빠 서재에서 발견한 일기장을 펼쳐 들고 울던 날이 떠올랐다. 내가 태어나기도 전, 아빠의 일상과 서울살이의 고단함이 일기장에 고스란히 담겨 있었다. 그 글이 없었다면, 결코 알지 못했을 아버지의 시간을 늦게라도 알게 되어 다행이었다.

"그 글을 남겨주신 아빠가 얼마나 고마운지 몰라요. 자제분들도 언젠가 선생님 글을 읽으며 비슷한 심정일 거예요. 그리고 무엇보다 글의 첫 독자는 자기 자신이죠. 글을 쓰면서 발견하는 자신이요. 누군가를 위해서가 아니라, 나를 위해 쓴다고 생각해 보세요."

다행히 설득은 성공했고, 김 선생님은 차분히 인생 이야기를 글로 써 내려갔다. 그녀의 글을 읽다 보면, 묵호의 옛 골목이 떠오르고 강릉 바닷바람이 스미고 정선의 산자락이 펼쳐졌다. 부부 교사로서 두 아들을 키우던 세월, 은퇴 후 여행하며 마주한 새로운 세상, 미얀마에서 불교 공부에 전념하던 순간까지 그녀의 일생이 글 속에 녹아있었다.

지금 내 손에는 『봉새, 높이 날다』라는 제목의 하늘색 책이 들려 있다. 긴 여행 끝에 바람을 타고 다시 날아오른 새처럼, 김 선생님도 또 다른 비상의 순간을 맞이할 것이다. 책 제목처럼, 그녀가 앞으로도 자유롭게 날아오르기를, 조용히 응원해 본다.

동해에서 광주까지, 대각선으로 종횡무진

동해에 살면서 달라진 점 중 하나는 KTX를 대하는 태도다. 서울에 살 때도 지방 출장이 잦아 열차를 자주 탔지만, 한 달에 10번을 넘긴 적은 드물었다. 그러나 이제는 KTX가 지하철처럼 느껴진다. 서울에서 열리는 회의나 강의는 물론이고, 해외 출장 갈 때도 서울을 거쳐야 하니 거의 매주 KTX에 몸을 싣는다. 축제 평가위원을 맡았던 충남이나 대전에 가려면, 서울역을 거쳐 다시 남쪽으로 내려가는 기차를 타야 하기 때문에 하루에 기차를 네 번씩 타는 날도 적지 않다.

그나마 시간에 맞춰 기차를 탈 수 있으면 다행이다. 묵호역에서 서울역까지 가는 열차는 하루에 네 편뿐. 그러다 보니 한 시간짜리 회의를 위해 차로 왕복 800km를 달릴 때도 있다. 서산의 오전 강의와 동해의 저녁 수업이 하루에 잡힌 날이 있었다. 그 일정엔 운전밖에 답이 없었다. 다행히 브루스가 구원투수로 나서줬다. 운전을 맡아준 덕분에, 무사히 서산과 동해를 잇는 일정을 완주할 수 있었다. 지도를 보면, 그야말로 동서 횡단. 시베리아 횡

단 열차를 탄 것도 아니고 미국의 루트66을 달린 것도 아니건만, 동해에 살면서 우리나라를 가로지르는 여정이 잦아졌다.

하루는 광주와 담양을 취재해달라는 요청을 받았다. 서울에 살 때면 0.1초 만에 "좋습니다"라고 답했겠지만, 이번엔 잠시 망설였다. 동해에서 광주까지는 동서 횡단을 넘어, 대각선으로 이동해야 했으니까. 그러다 양양 공항에서 광주 가는 비행기가 있다는 사실이 떠올랐다.

며칠 후 동해에서 차를 타고 양양 공항으로 이동한 뒤, 공항 주차장에 차를 세워두고 비행기에 올랐다. 하늘에서 내려다볼 강원

도의 모습이 궁금했다. 비행기가 이륙하자마자 끝없이 펼쳐진 푸른 바다와 길게 이어진 백사장이 그림처럼 펼쳐졌다. 그다음 장면은 첩첩산중. 순간, 네팔 카트만두에서 루클라로 향하는 비행기에 몸을 실은 기분이 들었다. 강원도에 얼마나 산이 많은지. 하늘에서 보니 실감이 났다.

들판이라곤 보이지 않았다. 비행기 처음 탄 사람처럼 창문에 얼굴을 바짝 붙이고 아래를 내려다봤다. 그리고 30분쯤 흘렀을까. 갑자기 시야가 확 트이며 드넓은 평야가 나타났다. 금빛 햇살 아래 곡식이 잘 자랄 것 같은 비옥한 땅이 펼쳐졌다. 그리고 그 뒤로 서해가 살짝 얼굴을 내밀었다. 양양에서 광주까지 짧은 비행이었지만, 작은 창으로 본 풍경은 흥미진진했다. 전망을 즐기기 위해 타는 관광용 경비행기처럼, 이 여정 자체가 하나의 특별한 여행이었다.

KTX가 지하철처럼 익숙해지는 경험도, 대한민국을 수시로 동서로 가로지르는 일도, 양양에서 광주까지 하늘길을 경험하는 일도 모두 동해로 삶의 터전을 옮긴 덕분(?)이었다. 『이상하고 자유로운 할머니가 되고 싶어』라는 책에 나오는 문장이 떠오른다.

'경험은 한 번도 열어보지 못한 방의 문을 열고 들어가는 것이다. 그때마다 세계가 한 칸씩 넓어진다. 새로 문이 열리면 세계의 모양도 크기도 달라진다. 열리기 전까지는 알 수 없는 세계.'

동해라는 문을 열었더니, 예상치 못했던 또 다른 세계의 문이 하나둘 내 앞에 모습을 드러내고 있다.

책으로 완성하는 여행 글쓰기

: 후마니타스연구소 + 묵호등대

글이란 묘하다. 처음엔 흐릿한 안개 속을 걷듯 막막하지만, 한 줄 한 줄 써 내려가다 보면 어느새 길이 보인다. 막다른 골목을 헤매다가도 불현듯 깨달음이 스며든다. 그래서 우리는 무엇이든 써 보라고 말하는지도 모르겠다. 일기든, 여행기든, 편지든, 낙서든.

책을 쓴다는 행위는 어떤 의미일까? 사람마다 다르겠지만, 내게 책은 일종의 '통과의례'다. 아무도 강요하지 않지만, 마음 깊은 곳에서 조용히 목소리가 들려온다.

'이제 정리할 때야. 그래야 다음으로 나아가지.'

그렇다. 나는 다음 단계로 넘어가기 위해 글을 쓰고 책을 엮는다. 세계 일주의 기록을 남기기 위해 정리한 『지구별 워커홀릭』, 기자 생활을 돌아보며 썼던 『싸이월드는 왜 떴을까』, 신문과 잡지에 실은 칼럼을 모은 『여행이 멈춰도 사랑은 남는다』가 그랬다. 지금 쓰고 있는 동해 정착기도 마찬가지다. 다음으로 넘어가기 위한 필연적인 정리 과정이다. 그리고 나의 정리가 누군가에게 작은 도움이 되길 바라며, 엉덩이를 붙이고 앉아 키보드를 두드린다.

여행 에세이는 비교적 쉽게 접근할 수 있는 글쓰기 장르다. 여행을 하다 보면 낯선 풍경을 만나고 새로운 경험을 하게 된다. 그 순간을 누군가에게 전하고 싶어진다. 단 한마디, '좋았다'고 말하고 끝나기엔 너무 아쉽다. 무엇이 좋았는지, 어떤 감정이 밀려왔는지, 왜 울컥했는지 다시 한번 생각해 보는 작업이 필요하다. 글쓰기는 생각과 마음을 더듬는 작업이다.

경향신문에는 인문사회 글쓰기 강좌를 운영하는 후마니타스연구소가 있다. 이곳에서 여러 해 동안 여행 글쓰기에 대한 강의를 진행했다. 글쓰기를 대하는 태도와 기본기, 여행 글쓰기가 가진 특별한 점, 에세이 첨삭, 최신 출판 트렌드까지 훑는 과정이었다. 책방 문을 열고 얼마 되지 않았을 때, 후마니타스연구소 최 팀장님으로부터 전화가 왔다.

서울까지 매주 오가는 일정이 부담스러워 거절할 참인데, 팀장님은 내 망설임을 꿰뚫어 보고 있었다.

"온라인으로 강의하시면 어떨까요? 서울 강의는 몇 번만 하고요."

그렇게 다시 후마니타스연구소와의 인연이 이어졌다. 수업에는 서울뿐 아니라 속초, 제주 등 전국 각지에서 개성 넘치는 분들이 참여했다. 수시로 해외여행을 다니면서도 성실하게 직장생활을 이어가는 분, 여행과 예술을 엮어 자신만의 책을 만들고 싶어 하는 분, 어반드로잉을 여행 에세이에 접목하고 싶다고 포부를 밝힌 분. 각자의 색깔이 다채롭게 빛나는 시간이었다.

커리큘럼에는 실습 여행도 포함되어 있었다. 여행지를 고심하다, 묵호로 정했다. 오래된 항구와 등대, 골목길을 품은 이곳이라면 각자의 시선으로 다양한 이야기를 발견할 수 있을 것 같았다. 서울에서 KTX로 당일치기 여행이 가능하다는 점도 한몫했다.

실습 여행 당일, 최 팀장님은 작은 깃발을 들고 묵호에 등장했다. 수강생들이 책방에 옹기종기 모여 앉았다. 동해에 대한 간단한 설명을 마친 후 '나만의 묵호를 발견해 보라'는 미션을 전했다. 먼저 수변공원 전망대에 올라 논골담길과 묵호항을 내려다보며. 과거와 현재를 보여드렸다. 그리고 해랑 전망대에서 시원하게 바닷바람을 함께 맞고, 묵호등대 앞에서는 '1년 후 도착하는 느린 엽서'를 썼다. 날은 더웠지만, 모두 입꼬리를 한없이 올리며 여행을 만끽했다. 수학여행 온 학생들처럼 삼삼오오 모여 사진을 찍고 간식을 나누어 먹으며 웃음꽃을 피웠다. 이 순간이 글로 어떻게 표현될지 궁금했다.

실습 여행에 동행한 후마니타스연구소 송 소장님은 '격려와 배려, 응원의 분위기가 넘치는 안전한 공간이 확보될 때, 죽은 지식을 욱여넣는 것이 아닌, 개인의 잠재력을 최대치로 끌어낼 수 있

는 교육의 본질에 가까이 다가선다'며 경향신문 칼럼을 통해 실습 여행 현장에 아낌없는 찬사를 보냈다.

　모두 각자의 눈으로 본 묵호를 글로 잔잔하게 담았다. 내용은 각기 달랐지만, 공통점이 있었다. 따스하고 다정한 기운이었다. 어쩌면 그것이 우리 모두의 마음이었는지 모르겠다. 수강생들이 쓴 묵호 여행기를 모아 『일상에서 로그아웃 : 우연을 따라 하루를 걷다』라는 책을 출간했다. 출간기념회도 열었다. 손으로 직접 만지는 물성 있는 책, 그 안에 내 글이 담겨 있다는 것은 특별한 경험이다. 여름 내내 함께 읽고 쓰고 고민했던 우리. 서로가 독자이자 작가였다. 우리는 도반이 되어 서로의 여행을 응원하고 감탄했다. 작지만 단단한 우리의 책이 모두에게 새로운 세계를 활짝 열어 주었으리라 믿는다.

3부

벌써 3년,
동해에 사는 기쁨

living

딱딱하게 굳은 마음이 몰랑몰랑하게 녹아내렸다.
그렇게 우리는 서로의 상처 위에 작은 반창고를 조심스럽게 붙였다.
책과 자연, 그리고 솔직한 마음이 함께한 시간.
그날, 어달항에는 모든 것이 다 있었다.

책방 또는 상담소
혹은 묵호의 사랑방
: 여행책방 잔잔하게

책방을 연 지 1년쯤 지난 어느 날이었다. 퇴근한 브루스가 깜짝 놀랄 일이 있었다며 신발을 급하게 벗었다.

"오늘 어떤 손님이 오셨는데, 들어오자마자 책을 사서 바로 가셨어!"

"응?"

서점에서 책을 사서 가는 게 당연한 일 아닌가. 별다른 일 아니라는 듯 "그게 이상한 일이야?"라고 되물었다. 브루스는 단호하게 대답했다.

"바로 갔다니까!"

그제야 무슨 말인지 이해가 갔다. 책을 사면서 한마디도 나누지 않은 손님이 처음이었다는 말이었다. 여행을 왔는지, 어떤 책을 찾는지, 대부분 손님과 대화를 하는데 그 손님은 조용히 책을 계산하고 뒤도 돌아보지 않고 나갔다고 했다. 모든 과정이 1분도 채 걸리지 않았다고 덧붙였다.

그 이야기를 들은 저녁 '책방이 아니라 상담소를 열어야 하는 거 아닐까?' 생각했다. 여행책방 잔잔하게 사업자등록증에는 분명히 도서 소매업이라고 적혀 있지만, 정작 책방에서 가장 활발한 활동은 '상담'이다. 손님들은 책과 여행, 진로, 연애, 취업 등 다양한 고민을 털어놓는다. 가끔 한 시간이고 두 시간이고 상담 시간이 무한정 늘어날 때도 있다.

그리고 브루스는 짧든 길든 손님이 자신과 이야기를 나누어야 한다고 믿고 있다(전적으로 나의 생각이지만). 그런 그의 마음을 읽기라도 한 듯, 손님들은 하나같이 책방지기에게 질문을 던진다.

"바닷가에서 읽을 만한 책이 있을까요?"

"동해와 관련된 책은 뭐가 있을까요?"

책 추천보다 더 자주 묻는 말이 있다. 여행 관련 정보다.

"아침에 바다 보고 싶어서 그냥 기차 타고 왔는데요. 여기 오면 갈 데 알려주신다고 해서요…"라고 망설이듯 말꼬리를 흐리지만, 목소리 속에는 여행 정보를 얻을 수 있으리라는 믿음이 배어 있다. 질문을 들은 브루스는 기다렸다는 듯이 속사포처럼 묵호의 최신 정보를 쏟아낸다.

"근처에 D 카페가 새로 생겼는데요. 독특한 분위기라 많이들 가시더라고요. 바다는 이쪽으로 걸어가시면 나와요. 시간이 있으시면, 해파랑길 33번 코스를 걸어보시고요. 7시쯤에는 문을 닫는 가게가 많아요. 식사는 그 전에 하시는 게 좋아요."

갑자기 쏟아진 정보에 손님은 어리둥절한 표정을 짓는다. 카페 이름을 다시 물으면, 브루스는 그럴 줄 알았다는 듯 미리 정리해 둔 문자를 보내준다. 브루스가 손님에게 아이폰 사용자냐고 묻는 다면, 그건 손님을 안드로이드와 아이폰으로 구분하기 위함이 아 니다. 에어드롭으로 정보를 공유해 줄 요량이다. 여행 상담은 묵 호에 국한되지 않는다. 동해에 있는 다른 책방은 물론이고 일출 때 문을 여는 정동진의 이스트씨네도 소개한다. 때로는 책방인 지, 여행 정보센터인지 헷갈릴 때가 있지만, 뭐 상관없다. 우리는 여행책방이니까.

'여행'이라는 단어 덕분일까, 전국의 베테랑 여행자들도 자주 찾 는다. 특히 인도나 파키스탄, 네팔 같은 험지를 여행한 이들이 와 서 책을 펼치듯 자신의 여행을 한바탕 쏟아낸다. 바라나시 뒷골 목을 헤매던 추억을 내놓고 안나푸르나 산 위의 롯지에서 추위에 떨며 한 걸음씩 오르던 무용담을 털어놓는다. 어처구니없지만, 이런 대화의 '위너'는 더 힘들게, 더 극적으로 여행한 사람이다. 3,000m 설산에서 텐트 치고 잤다든가, 사막에서 일주일을 보내 며 고생했다든가. 이야기는 점점 치열해지고, 끝내 한바탕 웃음 으로 마무리된다. 그들과 같은 길을 걸은 적은 없지만, 대화를 마 치고 나면 같은 여정을 함께 한 듯한 동지애가 생긴다.

책방을 열기 전, 간판도 없는 공간 앞에서 한참 서성이다 돌아가는 어르신이 있었다. '도대체 여기 뭘 만드는 거지?' 하는 궁금증이 가득한 눈빛이었다. 어느 날 책을 정리하다 눈이 마주쳐 인사를 건넸다. 그러자 기다렸다는 듯 이야기를 풀어놓으셨다.

"내가 이 자리에서 수십 년간 유리 가게를 했어. 옛날에는 월세 100만 원을 준다고 해도 구하기 힘든 자리였지. 책방 한다고? 예전에 이 근처에 책방 여럿 있었는데 말이야."

여행책방 잔잔하게는 동네 어르신들 사랑방이기도 하다. 동네 어르신들이 한 분 두 분 오셔서 '예전에는'으로 시작하는 긴 이야기를 들려주신다. 로터리에 있는 나이트클럽 건물에 강원도에서 춘천 다음으로 생긴 강원은행이 있었고, 그 앞에는 매일 돈을 넣으려는 사람들이 줄을 서곤 했다는 이야기. 묵호에 사람도 물고기도 넘쳐서 길이 북적북적했다는 이야기.

어르신 말씀에 귀를 기울일수록, 묵호가 새롭게 다가왔다. 찬란했던 과거가 어제처럼 생생하게 느껴졌다. 옛이야기를 들려주시는 어르신은 타임머신을 타고 그 시절로 돌아가신 듯했다. 당신의 청춘이 반짝반짝 빛나던 그때로. 표정과 목소리에 에너지가 넘쳤다. 세월이 흘러, 이제는 스마트폰을 들고 오신다. "여기로 문자 좀 보내줄 수 있어?"라며.

길 가다 가자미를 선물 받는 동네

: 황해횟집 + 묵호항건어물

책방을 열고 첫 번째 맞은 설날이었다. 책방에 자주 들르던 멋쟁이 중년 손님이 갑자기 물었다.

"대게 먹을 줄 알아요?"

순간 귀를 의심했다. 분명 '대게'라고 하셨는데, 내가 잘못 들은 건 아닐까. 그 의문은 저녁 무렵 풀렸다. 그녀는 말없이 대게가 든 봉투를 내밀며 말했다.

"우리 동네에 책방 열어줘서 고마워요. 설 잘 보내요."

브루스와 나는 테이블 위에 놓인 커다란 대게를 한참 쳐다봤다. 우리는 마주 앉아 대화를 나눴다. 책방을 연 것이 과연 대게를 받을 만한 일인지에 대해서. 그때까지 동해에서 대게를 먹어본 적이 없었다. 여행자가 아니라 현지인으로 지내다 보니, 된장찌개와 김치찌개 같은 음식을 주로 먹었다. 특별한 날 회는 먹었지만, 대게는 처음이었다. '동해의 첫 대게'를 먹으며, 우리도 더 많이 나누고 베풀며 살자고 이야기했다.

어느 겨울날, 독감에 심하게 시달렸다. 기운이 없어 브루스에게 황해횟집 전복죽을 사다 달라고 부탁했다. 황해횟집은 곰칫국으로 유명한 노포지만, 현지인이 된 나에게 최고 메뉴는 전복죽이었다. 영양 가득한 전복죽 한 그릇이면 기운이 돋곤 했다. 뜨거운 죽을 한 숟가락 뜨려는 순간, 전화기가 울렸다.

"아팠다며, 내려와서 곰칫국 먹고 가. 맛있게 끓여놓을게."

황해횟집 사장님 목소리였다. 연고라고는 하나 없는 동해에서, 아프다고 챙겨주시는 이웃이 있다니. 코끝이 시큰했다.

묵호항 앞에 있는 묵호항건어물은 우리의 단골 가게다. 시댁이나 친정에 가자미나 열기 등 건어물을 보낼 일이 있으면 어김없이 그곳을 찾는다. 묵호항건어물 사장님은 이른 아침부터 저녁까지, 추우나 더우나 아랑곳하지 않고 늘 같은 자리를 지킨다. 어느 날 묵호항건어물을 지나는데 사장님이 손을 크게 흔들며 불렀다.

"새댁, 이거 가자미야, 가져다 먹어. 오늘 가자미가 많이 들어왔어."

'가자미 가져다 먹어'라는 말씀이 도시에만 살던 나에게는 무척이나 비현실적으로 다가왔다. 길을 가다가 생선을 선물 받는 동네라니! 그날 저녁, 우리는 생전 처음 집에서 가자미구이에 도전했다.

동해살이 3년. 서울의 삶과 가장 다른 점은 이웃과의 정이다. 마곡동 아파트 17층에 살 때도 옆집과 서로 고구마나 귤을 나누곤 했지만, 동해에서는 나눔의 차원이 달랐다. 나눔의 대상도 내용도 상상 이상이었다.

어느 날은 동네 어르신이 쪽파와 상추를, 또 다른 날엔 인절미와 총각김치를 건네주셨다. 요가를 함께 했던 수진 선생님은 시시때때로 직접 만든 단호박 요리를 선물했다. 논골담길 103LAB 친구들도, 책방 뒤 묵호우체국 청원경찰 아주머니도, 책방 앞 명동의류 사장님도, 지나가던 동네 어르신까지. 모두가 무심한 표정으로, 다정한 먹거리를 투척하고 가셨다.

서점에 오신 손님은 기차 타러 가는 길에 샌드위치를 주고, 동네 친구는 치앙마이에 다녀왔다고 태국 향이 물씬 풍기는 태국 과자를 건넸다. 동네에 새로운 빵집이 생기면, 어김없이 누군가 소식을 알려주며 빵을 사다 줬다.

이렇게 받은 먹거리와 작은 선물은 자꾸 질문하게 한다. 책방이 뭐라고, 이토록 많은 정을 받는 것일까. 아직 그 답을 명확하게 찾지는 못했지만, 한 가지는 확실하다. '잔잔하게'가 사랑받고 있다는 것. 그리고 받은 사랑을 더 많이 나누어야 한다는 것. 우리는 오래오래 그 마음을 잊지 않기로 했다.

영화 「봄날은 간다」와 동해 삼본아파트

: 삼본아파트

시간이 흘러도 여전히 사랑받는 영화가 있다. 허진호 감독의 「봄날은 간다」도 그중 하나다. 첫사랑의 아련함이 고스란히 살아 있는 이 영화는 배우 이영애와 유지태의 풋풋한 모습, "라면 먹을 래요?"라는 결정적인 대사와 함께 기억 속에 깊이 새겨져 있다.

강릉과 삼척, 정선 강원도 곳곳에서 영화를 촬영했지만, 역사적인 대사가 탄생한 장소는 동해의 삼본아파트 앞이다. 은수(이영애)와 상우(유지태)는 그곳에서 사랑을 시작하고 끝냈다. 아파트 입구는 두 사람이 옥신각신했다가 애타는 마음으로 상대방을 기다리고 야박하게 헤어짐을 통보한 장소였다. 20년 전 이런 장소를 배경으로 영화를 찍었다는 사실이 놀라울 따름이다. 허진호 감독의 섬세한 안목에 다시 한번 감탄했다.

'바람의 언덕'에 있던 그린 방에서 나와 처음으로 둥지를 튼 집이 삼본아파트였다. 언덕 위에 우뚝 서 있는, 바람을 품은 오래된 아파트. 한때 에어비앤비가 밀집했던 아파트(현재는 모두 사라졌지만)로, 내리막길을 따라 걸으면 10분 만에 바다에 닿는다.

책방을 열기로 마음먹고 묵호로 돌아왔을 때, 집까지 구할 시간이 없었다. 서울 집을 정리하고 동해로 이주하는 일은 간단치 않았다. 이삿짐센터 직원들이 혀를 내두를 정도로 쌓인 인형과 책들. 만약 당장 그 짐을 들고 이사해야 했다면, 동해행 자체를 포기했을지도 모른다.

다행히 동해의 첫정이 묻은 레지던스 공간이 보수공사를 마치고 오픈한 덕에, 추억의 '그린 방'에 다시 머물 수 있었다. 이곳에 잠시 머물며 새로운 거처를 찾기 위해 부동산을 느긋하게 돌아다녔다. 당장 서울의 많은 짐을 옮길 계획이 없었기에 넓은 공간은 필요하지 않았다. 부담스럽지 않은 월세, 바닷가와 가까운 거리. 두 가지 조건만 생각했고, 이 조건에 딱 맞는 집이 삼본아파트였다.

비록 네 동짜리 작은 단지였지만, 위치만큼은 더없이 완벽했다. 바다도, 등대도 지척이었다. 밤이면 산들산들 산책하기 좋았다. 등대 쪽으로 발걸음을 옮기면, 밤바다가 한 품에 안겼다. 반짝이는 밤배의 불빛이 일렁이며 만들어 내는 풍경은 낭만 그 자체였다. 그때마다 브루스와 손을 꼭 잡으며 "우리 여기 사는 거 맞지?"라며 행복을 확인하곤 했다.

아침 산책의 주 무대는 월소택지였다. 산을 깎아 편평하게 조성한 마을로, 개성 있는 집이 드문드문 서 있었다. 우주선처럼 생긴

집도 있고, 붉은 지붕의 유럽 고성을 닮은 집, 미국의 황량한 사막 한가운데 있을 법한 집 등 다양했다. 봄이면 아카시아 향이 은은하게 깔려, 걸음마다 향기가 따라왔다. 모과나무에는 철마다 주렁주렁 열매가 열렸다. 바다가 시원하게 내려다보이는 공원에 서면, 탁 트인 동해가 스며들었다.

삼본아파트의 장점 중 하나는 조용함이었다. 대부분 세컨하우스로 사용하기 때문에, 실거주자가 많지 않았다. 밤에 집에 들어가다 아파트를 올려다보면, 한 라인에 한두 집만 불이 켜져 있었다. 가끔 아무 집에서도 불빛이 새어 나오지 않는 적막한 밤도 있었다. 하지만 주말이나 여름철이면 주차 공간이 부족할 정도로 북적였다.

물론 세컨하우스로 사용하는 분들만 있는 건 아니다. 이곳에서 한결같이 삶을 지켜온 이들도 있다. 1층 화단을 정성스레 가꾸는 할머니, 애지중지 매일 차를 손질하는 아저씨, 뱃사람인 옆집 아저씨. 작은 단지 안에서 저마다의 역사를 차곡차곡 쌓아가고 있었다.

삼본아파트는 여행책방 잔잔하게의 베스트셀러 중 하나인 『동해 생활』의 배경이다. 송지현 작가는 동생과 함께 동해로 내려와 동해에서 일어난 재미있는 이야기를 책 속에 담았다. 절친 박상영 작가와의 소소한 에피소드도 미소 짓게 만들었다.

삼본아파트는 2024년 개봉한 장만민 감독의 영화 「은빛살구」에도 나온다. 삼본아파트에 살 때, 집 창문으로 영화 촬영하는 현장을 목격하기도 했다. 동해 여행을 계획하고 있다면 영화 「봄날은 간다」와 「은빛살구」를 보고, 『동해 생활』을 읽어보는 것이 좋겠다. 동해 여행이 더 입체적으로 다가올 테니.

어서 와, 동해는 처음이지?

: 연필뮤지엄

　책방 근처에 박물관이 있다. 이렇게 쓰고 나니, 문화자원이 풍요로운 동네에 살고 있다는 느낌이 든다. 책방과 박물관 '슬세권(슬리퍼를 신고 갈 만한 편의시설이 있는 권역)'이랄까. 서울에서 살 때, 집 근처에 미술관과 식물원이 있었다. 그 사실이 내겐 자랑거리였다. 예술과 자연으로 둘러싸여 있다면, 살 만한 곳이라고 믿기 때문이다.

　책방 근처 박물관은 2025년 현재 동해시의 유일무이한 '박물관'이다. 한국디자인산업연합회 이인기 회장이 평생 모은 연필을 전시한 '연필뮤지엄'이 그곳이다. 연필은 글 쓰는 이라면 누구나 사랑할 수밖에 없는 물건이다. 나는 연필 마니아까지는 아니지만, 수집하는 버릇 덕분에 꽤 많은 연필을 가지고 있다. 연필박물관에는 3천여 종의 연필이 나라별, 콘셉트별로 전시돼 있다. 단순히 연필에 대한 정보를 얻어가는 곳이 아니라, 연필을 통해 우리가 무심코 지나쳤던 사소한 것을 발견하는 공간이다. 명사들의 연필 코너에 적혀 있는 이어령 선생의 말이 오래 마음에 남는다.

'생각하는 사람은 지우개 달린 연필처럼 끝없이 쓰고 지우고 또 그 위에 새 글씨를 쓴다. 평생 쓰고 지우는 삶을 살아가는 과정이 인생이다.'

EBS1 「고향민국」 프로그램에 큐레이터로 참여했을 때, 이인기 관장님으로부터 직접 연필뮤지엄 이야기를 들을 기회가 있었다. 클래식 연필깎이를 구하기 위한 노력과 연필에 대한 애정 어린 집념이 깊이 전해졌다.

이 박물관의 또 다른 매력은 4층에 자리한 카페 '해당화가 곱게 핀'이다. 서울에서 이주한 부부가 운영하는 곳으로, 등대와 논골담길 풍경이 시원하게 보인다. 특히 눈이 내리는 날이면, 창밖으로 펼쳐지는 풍경이 한 폭의 그림이다.

연필뮤지엄이 특별하게 다가온 순간이 있었다. 2023년과 2024년 「여행스케치 in 동해, 어서 와 동해는 처음이지」라는 프로그램 덕분이다. 동해문화관광재단에서 주관한 행사로 '베테랑 여행작가가 발견한 동해 여행의 모든 것'이라는 주제로 강연을 했다. 강의는 듣는 사람보다 하는 사람이 더 많이 배우는 법. 동해의 인구와 역사부터 동해를 배경으로 한 문학작품까지 살폈다. 어느 정도 동해에 대해 알고 있다고 생각했는데, 공부가 깊어지니 끝이 없었다.

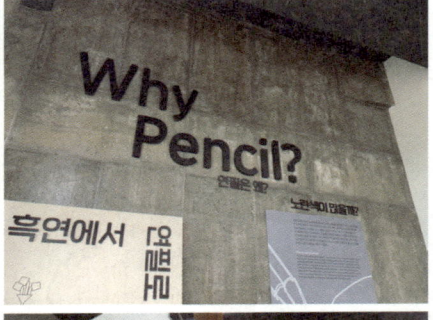

Why Pencil?
연필은 왜?

흑연에서 요ㅎ프로

노란색이 됐을까?

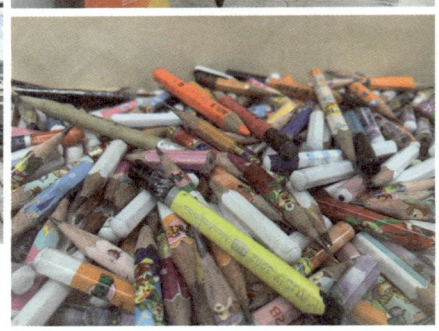

강의를 들으러 온 사람들은 동해를 처음 방문한 여행자부터 평생 살아온 토박이까지 다양했다. 통계와 빅데이터로 본 동해 관광 현황, 변화하는 트렌드, 계절마다 다른 동해의 매력, 그리고 문학작품 속 동해까지 훑었다. 강연이 끝난 후 한 청년이 다가와 말을 걸었다.

"1박 2일로 왔는데, 동해에 다시 와야겠어요."

책방에서 포스터를 보고 왔다는 서울 청년은 동해의 볼거리와 즐길 거리가 많다는 사실에 놀랐다고 했다.

현지인에게는 매일 보는 바다지만, 관광객에게는 항상 새롭다는 이야기도 덧붙였다. 동해에 사는 분들께 충분히 자부심을 가지셔도 된다고 말씀드렸다. 강연이 끝난 후 "우리 동해가 이렇게 아름다운지 몰랐어요"라는 동네 어르신 말씀에 가슴이 뭉클했다. 여행자를 대상으로 한 강연이었지만, 어쩌면 나는 이 시간을 준비하면서 동해에 사는 분들께 이야기를 건네고 싶었는지도 모르겠다. 동해는 자랑스러워할 만큼 훌륭하고 멋진 동네라는 이야기를.

바닷가 독서의 로망,
어달해변 북크닉

: 어달항

바닷가에서 해보고 싶은 일이 있었다. 해 뜨는 시간 바닷가에 모여 여럿이 함께 책을 읽는 일출 독서 프로젝트다. 바다의 속삭임을 배경으로 한가롭게 책장을 넘기는 일은 누구나 한 번쯤 꿈꾸는 낭만이니까. 그리고 이곳은 동해, 붉은 태양이 수면 위로 떠오르는 장관을 만날 수 있는 곳이니까.

생각과 실천은 다른 차원의 일이지만, 마음에 품고 있으면 언젠가 현실이 된다고 믿는다. 그렇게 잊지 않고 '언젠가'를 기다리던 중에 책방으로 어대노 한지숙 국장님이 찾아왔다. 어대노란 '어달대진노봉 어촌활력진흥지원사업'을 추진하는 조직으로, 국장님이 책방에 온 이유는 책과 관련한 프로그램을 진행하고 싶어서였다. 그 순간, 바닷가에서 해보고 싶던 '그 일'이 생각났다. 일출 독서는 어렵더라도, 바닷가에서 여럿이 모여 책 읽는 프로젝트는 가능해 보였다.

몇 번의 회의를 거쳐, 어달 북크닉을 하기로 의견을 모으고 장

소와 날짜를 정했다. 어달항 앞에 있는 카페와 협업해서, 참여자들에게 시원한 아이스 아메리카노와 달콤한 와플도 제공하기로 했다. 야외에서 진행하는 행사인 만큼, 날씨가 관건이었다. 부디 비가 오지 않기를 간절히 빌었다. 비가 오면 어떻게 할지, 플랜 B를 세워놨지만, 준비한 대로 진행되길 바랐다.

　참여하는 분들에게 부담을 주지 않기 위해, 책 제목은 미리 알리지 않았다. 오롯이 이곳에서 처음 마주하고 각자의 속도로 책장을 넘긴 후 이야기를 나누기로 했다. 고심해서 고른 책은 전지영 작가의 『귀를 기울여 나를 듣는다』였다. 두껍지 않으면서 사

유와 위로를 담고 있는 책, 어달 북크닉에서 함께 읽을 책 기준에 잘 맞았다.

이 책은 서해에서 요가를 가르치던 저자가 도시로 돌아와 마주한 고통, 그리고 자신을 받아들이는 과정을 담고 있다. 삶을 단순하게 정리하고 자신에게 집중하는 시간이 나를 돌아보게 했다. '고통이란 갈망과 혐오를 오가는 것이다'라는 문장에서 눈치챌수 있듯, 한 존재로 살아간다는 것에 대한 깊이 있는 생각을 담고 있다. 얇지만 진하고, 담담하지만 단단한 책이었다.

어달 북크닉 당일. 기도가 통한 걸까. 날이 좋았다. 푸른 바다가 눈부셨고 바람은 적당히 불었다. 어대노 최선미 팀장님과 눈빛을 나누며 한시름 놓았다는 표정을 나눴다. 바닷가에 예쁜 파라솔을 펼치고 미니 테이블과 캠핑 의자를 놓았다. 테이블 위에는 꽃과 작은 인형을 두는 것도 잊지 않았다(바람 때문에 나중에 다 치워야 했지만).

참가자들은 한 명씩 설렘 가득한 얼굴로 도착했다. 각자 마음에 드는 파라솔 아래 자리를 잡고 조용히 책 속으로 빠져들었다. 파도 소리와 바람이 책장 사이를 부드럽게 스쳤다. 1시간 30분 정도 각자 책을 읽고 동그랗게 모여 앉았다. 책에 관한 이야기를 나눌 차례였다.

이 시간을 무척이나 기다렸다는 참가자는 책 속에서 인상적이

었던 문장과 자신의 속 이야기를 꺼내다 눈물을 보였다. 바다와 바람과 책, 그리고 이 모든 것의 조합이 마음 깊숙한 곳을 건드린 듯했다. 우리는 서로의 이야기에 귀 기울였다. 누군가가 상처를 고백하면, 다른 누군가는 조용히 고개를 끄덕였다. 딱딱하게 굳은 마음이 몰랑몰랑하게 녹아내렸다. 그렇게 우리는 서로의 상처 위에 작은 반창고를 조심스럽게 붙였다. 책과 자연, 그리고 솔직한 마음이 함께한 시간. 그날, 어달항에는 모든 것이 다 있었다.

홍천에서 만난 독서를 위한 감옥

: 강원도 홍천 행복공장

때로는 백지상태로 떠난 여행이 더 큰 감동을 선사한다. 계획 없이 떠난 홍천의 '1박 2일 책 읽는 하루'가 그랬다. 인스타그램 게시물을 스치듯 보던 순간 '1박 2일 북캠프' 참여자 모집 광고가 눈에 들어왔다. 마음만 먹으면 집에서도 하루 이틀쯤 책에만 몰입할 수 있겠지만, 실상은 쉽지 않다.

책에 집중하기 위해 북캠프에 몸을 싣기로 했다. 책방을 운영하면서도 정작 책 읽는 시간이 늘 부족했던 터라, 잘 됐다 싶었다. 주관하는 기관은 인문학 강좌를 운영하는 플라톤아카데미. 그렇다면 더 믿을만했다.

1박 2일 동안 책을 읽는 캠프라니, 푸른 잔디밭 위에 형형색색의 빈백에 기대어 책장을 넘기는 모습이 그려졌다. 풀벌레 소리를 BGM 삼아, 별빛 아래 캠핑 의자에 앉아 유유자적 책을 읽는 나를 상상하며 홍천으로 향했다.

그러나 캠프가 마련된 공간에서 나를 맞이한 것은 뜻밖에도 '감옥'이었다. 입구에 걸린 간판은 '행복공장'이었지만, 안으로 들어서자 '내 안의 감옥'이라는 문구가 선명했다. 점심을 먹고 나서 각자 방에 수감되듯 들어갔다. 좁디좁은 공간. 1.5평 남짓한 방 안에는 화장실도 있었다. 세상을 떠돌며 여러 숙소를 경험했지만, 이런 방은 처음이었다. 벽에는 파스칼의 명언이 붙어 있었다.

> '사람이 행복하지 않은 이유는 작은 방에 혼자 머무는 법을 모르기 때문이다.'

식사도 배식구를 통해 제공되었다. 갇혀서 누군가가 건넨 음식을 방 안에서 묵묵히 받아먹는 기이한 경험이었다. 이곳은 책에만 집중하는 '독서를 위한 감옥'이었다. 방에는 물을 끓일 수 있는 커피포트, 작은 책상, 요가 매트와 차를 마실 수 있는 다기가 놓여 있었다. 황차를 우리며 책을 펼쳤다.

무아지경에 빠졌다. 시간도 공간도 멈춘 듯했다. 책은 『평범한 인생』이었는데, 체코 작가 카렐 차페크의 작품이었다. 주인공과 함께 기차를 운전(주인공이 철도공무원이다)하고 화초를 가꿨다. 『평범한 인생』은 소설이지만 심리학 서적이나 철학책 같았다. 이야기 전개가 드라마틱했다. 『스토너』를 읽었을 때와 비슷한 기분도 들었다.

책은 평범한 철도공무원의 이야기로 시작한다. 자신의 인생을 돌아보며 '그래, 이 정도면 잘 살았어'라고 생각한다. 하지만 그는 자신이 기록한 삶을 다시 들여다보며 혼란에 빠진다. 출세를 위해 몸부림치는 억척이의 목소리에 이어 우울증에 힘들어하는 환자, 시를 사랑하는 문학소년, 타락한 인간, 아내를 증오하는 자아까지 내면에서 낯선 목소리들이 들려온다. 그는 깨닫는다. '진짜 나'는 하나가 아니며 수많은 자아 모두가 '나'라는 사실을.

평범하고 단순한 인생처럼 보이지만, 그 안에 수많은 자아가 함께 살고 있는 것. 그의 인식은 시공간으로 확대된다. 주인공은 '우리 각자는 세대에서 세대를 통해 불어나는 사람들의 총합인지 모른다'라고 기록한다. 239페이지의 '우리는 똑같은 사람들이다. 네가 누구든 너는 나의 무수히 많은 자아이다. 네가 악인이든 선인이든, 그건 내 속에도 있는 거야'라는 문장을 읽는 순간, 죽비로 한 대 얻어맞은 듯 정신이 번쩍 들 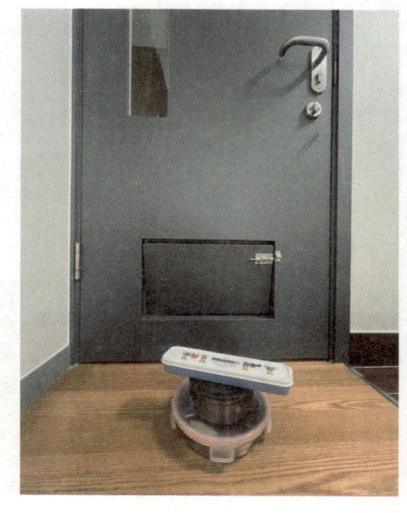 었다. 내 안에도, 우리 안에도, 셀 수 없이 많은 자아가 존재하고 있었다.

  책을 덮고 작은 유리창 너머로 눈을 던졌다. 창밖에는 녹음이 가득했다. 차를 우려 한 모금 머금고 눈을 감았다. 방은 여전히 비좁았지만, 이상하게도 우주 한가운데 떠 있는 듯한 기분이 들었다.
  차페크의 또 다른 책 『정원가의 열두 달』을 펼쳤다. 『평범한 인생』에 꽃과 나무가 자주 등장한 이유를 알 것 같았다. '정원사는 꽃을 가꾸는 사람이 아니라, 흙을 가꾸는 사람'이라고 말할 정도로 작가는 꽃과 나무를 사랑하는 사람이었다. 꼬리를 무는 인연

처럼, 다른 책의 글이 연결되며 책 읽기가 더 흥미진진해졌다.

밤 8시, 감옥에서 풀려났다. 강당에 모여 책을 읽으며 느낀 점에 관해 이야기를 나눴다. 남녀노소 스무 명 남짓 모였는데, 책을 읽고 떠올린 생각과 감정이 놀랍도록 다채로웠다. 한 사람 한 사람의 이야기가 더해질수록, 책은 평면에서 입체로 살아났다.

"액자구조에 등장하는 의사의 역할은 무엇일까?"

"시한부 판정을 받은 주인공이 왜 얼마 남지 않은 생을 자신의 삶을 기록하는 데 썼을까?"

전병근 지식 큐레이터와 함께 탐정이 되어 작가의 의도를 추적했다. 그리고 수많은 자아 중 나는 어떤 자아로 살아가고 있나 스스로에게 질문을 던졌다. 모임을 마치고 다시 감옥으로 돌아가니, 시계는 새벽 1시를 가리키고 있었다.

하룻밤을 보내고 맞이한 아침. 우리는 모두 24시간 전과 다른 사람이 되어 있었다. 기대 없이 떠난 길에서, 상상 이상의 즐거움과 깨달음을 얻었다. 마지막으로 『평범한 인생』에서 가장 인상 깊었던 문장을 옮겨본다.

'나는 내가 이해할 수 있는 만큼의 나이다. 더 많은 사람들의 삶을 이해할수록 나 자신의 삶은 더욱 완성되리라.'

머리가 묵직할 때는 동네 미장원으로

더위 때문인지 머리가 묵직했다. 무거움을 덜어보려고 오랜만에 동네 미장원으로 향했다. 문을 열고 들어서니, 어르신 한 분이 사장님께 머리를 맡기고 계셨다.

"우리 딸이 집을 지어서, 이번에 갈라는데 뭘 가져가야 할지 몰겄어."

"그러게요."

"우리 풍속으로는 시루떡 해가면 됐는데 말이여."

"아이고, 어르신 돈만 들고 가면 되지요. 시루떡은 금방 쉬어요."

"두 말이면 될 텐디, 수박 한 통이랑…."

결론은 나지 않았고, 그사이 동글동글한 롯드가 어르신 머리를 가득 채웠다.

그때, 문이 열리며 또 다른 어르신이 들어오셨다. 뽀글뽀글한 펌이 귀여운 분이셨다.

"아휴, 여기가 천국이네."

찌는 듯한 한여름. 시원하게 에어컨을 틀어주는 미장원은 천국이라 해도 부족함이 없었다. 사장님은 반갑게 인사를 하더니, 장난스럽고 다정한 말투로 부탁했다.

"혹시 저어기 안에 옥수수 10개만 까주실 수 있으세요?"

사장님 손은 내 머리 위에서 바쁘게 움직이고 있었고, 평소 친하게 지낸 어르신께 옥수수껍질을 까달라고 한 것이다. 어르신은 "일도 아이다"라며 능숙한 손길로 척척 옥수수껍질을 벗겨냈다. 옥수수의 고장 강원도에서는 이런 풍경이 자연스러운 걸까.

내 머리의 1차 작업을 마친 사장님은 껍질이 벗겨진 옥수수를 들고 주방으로 향했다. 그리고 후다닥 압력밥솥에 넣었다. 그 모습을 본 뽀글머리 어르신이 한마디 보탰다.

"압력밥솥보다는 그냥 찌면 좋을낀데."

"아니어요. 제가 찐 거 한번 일단 잡숴보세요."

사장님도 물러서지 않았다. 그리고 단 10분 만에, 테이블 위에 김이 모락모락 나는 옥수수가 놓였다.

"내가 얼마나 옥수수를 좋아하냐면, 한 자리에서 아홉 개 먹은 적도 있다니까."

"난 별명이 옥수수 귀신이야. 나도 일곱 개까지는 무봤다!"

어르신들의 옥수수 찌기 비법이 오가고, 옥수수 사랑에 대한 간증이 이어졌다. 그 이야기가 어찌나 정겹던지. 오늘 막 밭에서 따왔다는 옥수수는 또 얼마나 달달하던지. 당신 레시피로 만들어서 더 맛있다는 사장님의 자랑은 또 얼마나 귀엽던지.

　미장원에 가면 두통이 확 사라질 거라 기대하지는 않았다. 하지만 신기하게도 묵직했던 머리가 한결 가벼워졌다. '머리'를 해서 그런 걸까, '옥수수' 때문일까, 어르신들의 '구수한 입담' 덕분일까. 이유는 알 수 없지만, 다음에도 머리가 무거워지면 미장원에 갈 생각이다. 우리 동네 미장원으로.

토요일 오후는 세잎클로버와 함께

: 동해교육도서관

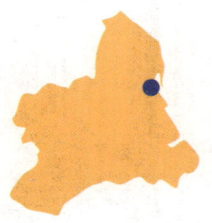

　여행할 때마다, 눈과 귀는 '현지인'을 향했다. 그곳에 사는 이들의 일상이 궁금했다. 여행 기사를 쓸 때도 현지인 추천 목록을 잊지 않았다. 내가 만난 사람이 지역 대표가 아니어도 상관없었다. 우리가 대표선수를 만나러 여행하는 건 아니니까.

　여행하면서 동네사람을 그렇게나 찾아다니더니, 동해 와서는 내가 현지인이 됐다(드디어!). 요즘은 다른 여행작가들이 나에게 '동해 현지인피셜 핫플레이스'를 묻는다. 여행자에서 현지인으로, 역할 변경이 신기하고 재미있다.

　동해 사람들을 관찰하다, 흥미로운 사실을 발견했다. 무진장 부지런했다. 해가 뜨는 동네라 그런지, 이른 새벽부터 운동하는 분도 일하는 분도 많았다. 친구 아버님이 새벽 4시에 일어나신다는 말씀을 듣고 '설마' 싶었는데, 사실이었다. 또 다른 인상적인 점은 악기였다. 색소폰과 클라리넷, 아쟁과 해금, 오카리나와 하모니카 등 웬만하면 악기 한 가지쯤 다루는 듯했다. 그래서 날 좋은 계절에는 동네 음악회가 이곳저곳에서 풍성하게 펼쳐졌다. 동네

분위기에 걸맞게, 나도 뭔가 해야 할 것 같은 기분에, 피아노 건
반 위 먼지를 털어내고 구석에 던져둔 우쿨렐레를 다시 꺼냈다.

현지인 흉내를 내다가 어느 날 내가 '진짜 동해사람이 되었구
나' 하는 생각이 든 순간이 있었다. 동해평생학습관에서 팝업북
지도자 과정에 함께 참여한 김도영 선생님 덕분이었다. 프로그램
이 끝난 후, 김 선생님은 "토요일 오후에 시간 되시면 함께 해요"
라고 했다. 애써 배운 팝업북 만들기를 잊지 않기 위해, 동아리를

만드신 것.

　첫 토요일 모임. 올망졸망한 어린이들을 비롯해 20여 명이 옹기종기 모였다. 우리는 이야기를 나누며 팝업북을 만들고 종이접기를 배웠다. 2시간 남짓, 유쾌한 웃음과 향긋한 차, 그리고 부지런한 손놀림이 어우러져 평화로운 시간을 보냈다. 아이들이 뿜어내는 상큼한 기운은 덤이었다.

　동아리 모임은 토요일마다 계속됐다. '행복을 나누는 사람들, 세잎클로버'라고 이름도 지었다. 행운을 뜻하는 네잎클로버보다,

손안의 작은 행복을 나누자는 의미로 세잎클로버로 결정했다. 세잎클로버 멤버들과 함께 한 토요일은 생각을 비우고 마음을 채우는 시간이었다. 세잎클로버 중심에는 선한 영향력을 퍼트리시는 김 선생님이 계셨다. 아무 대가 없이, 지식과 재료를 퍼주시는 모습이 감동적이었다.

"아는 것도 가진 것도 놔두면 썩어요. 나누니까 얼마나 좋아요."

날씨가 추워지자 김도영 선생님은 동네 어르신들께 드릴 목도리를 만들면 좋겠다고 의견을 냈다. 만장일치였다. 멤버들은 그날 이후 한 줄씩 정성껏 떠내려갔다. 뜨개질은 마음의 속도를 느리게 하는 작업이었다. 설 전에 완성하기 위해, 여행지까지 실타래를 가져가 손을 움직였다.

설날 전 세잎클로버 멤버들은 완성한 목도리와 떡을 들고 부곡동 행정복지센터를 찾았다. 그날 할머니들은 한글을 배우고 계셨다. 머리에 하얀 눈이 소복이 앉을 정도로 연세가 드셨지만, 그들에게 나이 따위 상관없어 보였다. 한글을 배우고자 하는 열정만이 행정복지센터를 활활 태우고 있었다. 우리는 오손도손 앉아, 영주 선생님이 가져온 귤을 까먹으면서 웃음꽃을 피웠다. 눈을 반짝이며 "내 생일 같다"고 웃으시던 할머니의 표정을 지금도 잊을 수가 없다. 거창한 기부는 아니었지만, 더없이 뿌듯했다. 혼자라면 결코 누릴 수 없는 기쁨이었다. 그때였다. 내가 진정 현지인이 되었구나라고 느낀 순간은.

올봄 새로운 프로젝트를 시작했다. 가을 축제 때 아이들에게 보여줄 연극을 올리기로 한 것이다. 책을 읽고 낭독 연습을 하며, 설레는 시간을 보내고 있다. 아직 무대도, 조명도 없지만 우리는 매주 모여 아이들을 상상하며 웃고 고민한다.

현지인이 되었다고는 하지만, 동해를 다 알지는 못한다. 그러나 세잎클로버와 함께, 이 도시를 사랑하는 방법을 조금 알게 된 것 같다. 누군가와 시간을 나누고, 손으로 무언가를 만들고, 작은 온기를 누군가에게 건네는 일. 그런 하루들이 쌓여 현지인이 되어 간다.

김연수 작가와 함께한,
한여름 밤의 낭독회

: 여행책방 잔잔하게

'가장 건강한 마음이란 쉽게 상처받는 마음이다. 세상의 기쁨과 고통에 민감할 때, 우리는 가장 건강하다. 때로 즐거운 마음으로 조간신문을 펼쳤다가도 우리는 슬픔을 느낀다. 물론 마음이 약해졌을 때다. 하지만 그 약한 마음을 통해 우리는 서로 하나가 된다.'

김연수 작가의 에세이 『지지 않는다는 말』에 나오는 글이다. 낭독회를 준비하면서, 그동안 읽었던 작품을 다시 펼쳐보았다. 회사에서 힘들 때 버팀목이 되어 주었던 문장, 중국 리장에서 여행하며 우연히 펼친 페이지, 몇 번이나 밑줄을 그으며 가슴에 새겼던 구절이 다시금 내 앞에 모습을 드러냈다.

손끝이 시릴 만큼 추운 어느 날, 한국서점조합연합회의 동네책방 지원사업인 '오늘의 서점' 제안서를 쓰고 있었다. 2022년 '심야책방' 지원사업에 선정되어 동해에서 작가와 주민을 잇는 역할

을 톡톡히 했었다. 직접적인 매출로 이어지는 일은 아니었지만, 보이지 않는 가치를 잘 알기 때문에 '오늘의 서점'에도 참여하고 싶었다.

지방에서 작가를 초대하는 일은 서울에서보다 몇 배는 어려웠다. 그간 방방곡곡 강의를 다녀왔기에, 느낀 점도 많았다. 강의료도 넉넉히 드리고, 좀 더 편안한 환경을 만들고 싶었다. 그러기 위해선 우선 제안서를 잘 써야 했다. 관광 분야에서는 공모사업을 평가하는 입장이지만, 출판문화 분야는 아직 햇병아리. 최대한 꼼꼼히 제안서를 써야 했다.

여행책방 잔잔하게의 색깔에 맞게 여행과 연결한 프로그램을 고민했다. 봄에는 트레킹과 어반드로잉 같은 활동적인 프로그램을 넣었다. 그런데 여름이 문제였다. 막연히 '한여름 밤의 꿈' 같은 시간을 마련하고 싶었지만, 어떤 작가를 모실지 쉽게 결정할 수가 없었다. 결국 '여름'이 들어간 책을 쓴 작가를 초대해, 낭독회를 하겠다는 기획안을 작성했다.

강원도에서 단 두 곳만 선정되었는데, 운 좋게 잔잔하게 책방이 그중 하나가 되었다. 계획대로 어반드로잉으로 유명한 리모 작가와 논골담길 스케치를 하고, 트레킹 전문가 진우석 작가와 해파랑길 33번길을 걸었다. 그리고 어느덧 여름이 다가왔다. 빈칸으로 남겨두었던 여름 프로그램의 주인공을 결정해야 할 시간이 왔다.

그때 마침 『너무나 많은 여름이』가 세상에 나왔다. 전국의 동네 책방에서 발표한 단편소설을 모은 김연수 작가의 책이었다. 우리를 위해 출판했나 싶을 만큼 절묘한 타이밍이었다. 김연수 작가와 가까운 여행작가 친구를 통해 연락을 드렸고, 기적처럼 동해까지 와 주기로 했다.

여름 프로그램은 기존 북토크와 다르게 진행했다. 출간된 책에 관한 이야기가 아닌, 출간될 이야기를 낭독했다. 심지어 책방에서 처음 발표하는 작품을 읽어주시기로 했다. 비가 촉촉이 내리던 날, 김연수 작가의 단편소설을 듣기 위해 많은 사람이 모였다. 부부가 함께 온 이들, 『이토록 평범한 미래』를 독서 모임에서 읽었다는 독자, 청춘을 김연수 작가님의 책과 함께 보냈다는 팬. 작은 공간은 설렘과 기대감으로 가득 찼다.

작가의 목소리는 낮고 조용했지만, 그 울림은 공간을 가득 채웠다. 두 작품을 낭독한 후, 잠시 쉬었다가 2부를 시작했다. 2부

는 독자들과의 대화 시간이었다. 작가는 참석한 이들의 이야기를 경청하며 작은 노트를 꺼내 조용히 메모했다. 그 모습이 무척 인상적이었다. 동네 청년이 김연수 작가님의 책 『청춘의 문장들』을 언급하며 작가에게 물었다.

"작가님, 청춘의 최고점은 언제였나요?"

김연수 작가는 살짝 미소를 머금고 대답했다.

"지인과 동해로 자전거 여행을 하던 중이었어요. 동해에서 망상을 지나 옥계로 가는 길이었는데 너무 힘들어서 타고 있던 자전거를 내던지고 쉬었죠. 그 순간, 아, 이제 내 청춘도 꺾이는구나 싶었어요."

작가의 위트있는 답변에, 책방 안은 웃음으로 물결쳤다.

한여름 밤의 꿈처럼 황홀한 순간이었다. 이 시간 주인공은 우리 모두였다. '우리가 얼굴과 얼굴을 마주한다는 것, 바로 그게 이야기를 주고받는 일이라는 걸 새삼 깨닫는다'라고 적힌 『너무나 많은 여름이』 작가의 말이 떠올랐다. 따뜻한 눈빛과 말투로 서로를 안아주고 다독였다. 그리고 다짐했다. 김연수 작가님이 낭독한 소설이 책으로 나오면, 꼭 다시 모셔야겠다고. 책이 이어준 인연 속에서, 다시 한번 우리의 아름다운 여름을 맞이할 것이다.

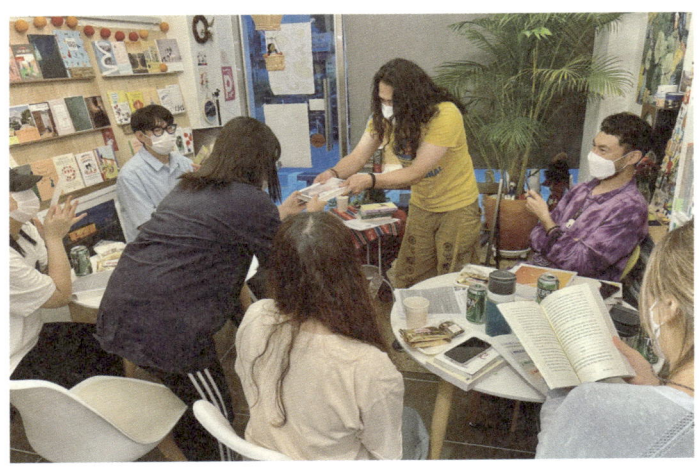

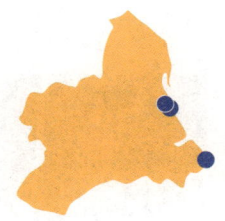

떠오르는 태양처럼, 일출 요가

: 동해문화원 + 추암해변 + 한섬해변

들숨에 사랑을, 날숨에 평화를(Inhale love, exhale peace).

동해문화원에서 '일출 요가' 포스터를 본 순간, 가슴이 뛰었다. '저거다!' 일출과 요가. 내가 사랑하는 두 단어의 환상 조합이었다. 설레는 마음으로 신청하려는데, 아쉽게도 대상이 아니었다. 어르신을 위한 프로그램이라고 했다. 못내 안타까운 마음을 다독이며, 이번 기회에 요가원을 찾아볼까 생각했다. 그로부터 며칠 뒤, 뜻밖의 전화가 걸려 왔다.

"자리가 있으니, 원하시면 참여하셔도 좋습니다."

'이런 행운이!' 망설임 없이 동해문화원으로 향했다. 강단 있는 몸짓의 선생님과 이미 스트레칭을 시작한 어르신이 눈에 들어왔다. 조용히 맨 뒷자리에 자리를 잡고, 그들의 움직임을 따라 했다. 그렇게 시작한 일출 요가는 나에게 큰 성취와 기쁨을 안겨준 의미 있는 경험이 되었다.

"발바닥에 힘을 주고 가슴을 활짝 엽니다. 떠오르는 해가 가슴으로 스며든다고 상상해 보세요."

김나경 선생님의 목소리가 쩌렁쩌렁 울렸다. 몸을 이리저리 움직여 보지만, 오랜 세월 굳어진 근육이 말을 듣지 않았다. 쉬워 보이는 동작도 막상 따라 하려면 어려웠다. 옆에서 능숙하게 동작을 수행하는 일흔이 넘은 어르신을 보며, 스스로 반성했다. 겸손하게 몸을 낮추고, 아사나를 하나씩 따라 했다.

일출 요가 수업은 동해문화원 2층에서 열렸지만, 문화원의 정규 프로그램은 아니었다. 해양 자원을 활용한 지역 특색 프로그램 공모사업의 일환으로, 봄부터 가을까지 한시적으로 운영됐다. 매주 1회 요가 수업을 받고, 동해의 가장 큰 축제인 동해무릉제와 일출 요가 페스티벌 참여로 마무리하는 일정이었다. 단순히 운동이라고 여겼던 수업은, 시간이 지날수록 나에게 다른 의미로 다가왔다.

처음에는 몸을 풀기 위해 갔는데, 어느새 사람들을 만나러 가고 있었다. 굽어진 허리를 펴고 뻣뻣한 발끝을 애써 올리며, 서로를 응원하는 모습이 아름다웠다. 임영웅의 '별빛 같은 나의 사랑' 노래에 맞춰 함께 요가하면서, 어르신들과 정이 차곡차곡 쌓였다.

송지현 작가의 에세이 『동해 생활』에 보면 동해문화원 민화반에 들어갔다가, 화선지 100장만 남기고 그만둔 에피소드가 나온다. 책에는 '처음 배운 것은 삼묵법. 농담을 표현하기란 생각보다

어려운 일이었다. 그러나 농담을 표현하는 일보다 더 어려운 것이 있었다. 아주머니들이 싸 오는 간식을 처리하는 일이었다'라는 내용이 나온다. 수강생 아주머니가 싸 오신 달걀 샌드위치를 먹다가 20인용 압력밥솥의 밥을 푸며 점심 식사 준비를 하던 장면을 읽으며, 소리 내 웃었다.

비슷한 일이 내게도 일어났다. 요가반 신혜영 회장님이 "다음주 요가 끝나고 간식이나 먹으며, 이런저런 이야기를 나눠요"라고 제안했다. 먹거리는 회장님이 간단하게 가져오신다고, 따로 챙기지 말라는 말씀도 덧붙이셨다. 분명 '간단하게'라고 하셨지만, 막상 펼쳐진 광경은 잔칫날과 다름없었다.

회장님은 새벽부터 일어나 불고기를 볶아 오셨고, 다른 어르신은 시장에서 수박을 사 오셨다. 선생님은 오래된 쌀이 있다며 직접 떡을 해 오셨다. 그렇게 우리는 작은 잔치를 열었다. 서울에서는 상상조차 못 할 풍경 속에서, 따스하게 베풀어 주신 정을 흠뻑 받았다.

일주일에 한 번이지만, 요가를 하고 안하고는 천지 차이였다. 요가를 하고 나면, 확실히 시원했다. 30분간 스트레칭을 한 후에 1시간 30분 음악에 맞춰 연말에 있을 공연을 위한 연습에 돌입했다. 가을이 오자 우리는 정동진, 삼척, 한섬해변으로 일출 요가 출정을 떠났다.

새벽에 가부좌를 틀고 앉아 있으면, 칠흑 같은 어둠이 천천히 물러나고 파스텔톤 하늘이 오렌지빛으로 변했다. 수리야 나마스카르, 태양경배자세를 취하며 떠오르는 태양의 기운을 온몸으로 받아들였다. 수평선 너머로 태양이 떠오를 때, 우리는 그 빛을 향해 몸을 내밀었다. 몸 구석구석, 세포 하나하나가 깨어났다. 요가로 일출을 함께 맞이한 이들의 얼굴에서는 빛이 났다. 아헹가 요가의 창시자 구루 아헹가의 말이 떠올랐다.

"몸은 당신의 영혼이 머무는 성전입니다. 깨끗하고 순수하게 유지하세요(The body is your temple, Keep it pure and clean for the soul to reside in)."

그 말처럼, 요가를 하며 몸을 깨끗이 정화하고 마음을 맑게 비워냈다.

해변에서의 요가는 단순한 수업이 아니었다. 일출 요가 과정을 담는 하나의 기록이었다. 프로그램 마지막에는 사진 전시회와 책 출간이 예정되어 있었다. 수업이 끝날 즈음 며칠에 걸쳐 해변으로 출사도 나갔다. 사진작가님 요청에 따라 요가뿐만 아니라 해변을 이리저리 달리고 점프도 했다. 마치 수학여행 온 기분이 들었다. 혼자가 아니라 함께 하는 즐거움을 만끽했다.

사진과 함께 기록을 위해 책도 만들기로 했다. 사진은 동해 베테랑 사진가 임인선 작가님이, 글은 내가, 출판은 동해의 유서 깊은 지역 출판사인 청옥에서 담당했다. 어떤 내용을 넣는 게 좋을까 고민하다, 요가를 접하기 전과 후 달라진 점에 대해 한 분씩

여쭈었다. 그리고 요가의 의미에 대해서도 물었다. 놀랍게도 모두 요가의 다른 매력을 말씀해 주셨다. 활력소, 빛, 희망, 긍정에너지, 새 학기, 인생의 리셋, 생명수, 에너지의 원천, 보약, 진통제 등 요가에 대한 예찬이 쏟아졌다.

"요가는 빛이다"라고 말씀해 주신 김철자 선생님은 "나이가 들면서 마음 한구석이 우울했는데, 요가를 하면서 한 줄기 빛을 만난 느낌"이었다며, 수십 년 여러 운동을 했지만, 이런 느낌은 처음이었다고 했다. 가장 기억에 남는 순간도 여쭸다.

"일출을 마주하고 요가 자세를 취할 때였어요. 비몽사몽인 상태에서, 바다 위로 해가 장엄하게 떠오르는데 온몸에 전율이 흘렀어요. 3년 만에 열린 동해 최고의 축제 무릉제 무대 올랐을 때도 행복했어요. 관중들 박수 소리를 들으니, 우리 일출 요가가 많은 이들의 마음에 닿았다는 느낌이 들더라고요."

나 역시 책에 한 줄을 남겼다. '나에게 일출 요가는 만남이다'라고. 몸과 마음의 균형을 찾기 위해 시작했지만, 동해의 사랑스러운 선배님들을 만날 수 있었던 아름다운 시간이었다고. 일출 요가 프로젝트는 끝났지만, 인연은 여전히 이어지고 있다. 떠오르는 태양처럼, 그때 함께 나누었던 따스한 순간들이 내 안에서 여전히 반짝이고 있다.

동해에 사는 기쁨,
망상해변에서 맨발 걷기

: 망상해변

맨발 걷기를 처음 접한 건 대전 계족산에서였다. 축제 평가를 위해 간 길이었다. 계족산에 보드라운 황톳길이 깔려 있다는 이야기는 여러 번 들었지만, 직접 밟아보긴 처음이었다. 발끝으로 전해지는 촉감이 낯설고도 따스했다. 보들보들한 황톳길이 무려 14.5km나 이어져 있었다. 축제는 크지 않았지만 정겨웠다. 맨발 걷기와 맨발 마라톤을 비롯해, 맨발 도장찍기, 사랑의 엽서 보내기 등 소소한 프로그램들이 진행됐다. 클래식 음악회도 있었는데, 선율이 숲을 가득 채우는 순간 행복한 감정이 세포 곳곳에서 퐁퐁 터졌다. 축제 평가를 위해 온 것인지 즐기기 위해 온 것인지 알 수 없었다. 그때 맨발 걷기의 즐거움도 새롭게 알게 됐다. 보드랍고 포근한 흙 위를 걷는 느낌이 어찌나 황홀하던지, 왜 지금껏 이런 재미있는 걷기를 몰랐을까 싶었다.

그러나 그 후로 오랫동안 맨발 걷기는 내 삶에서 멀어졌다. 맨발로 걸을 수 있는 곳을 찾기 어려웠고, 일상은 바쁘게 흘렀다.

일출 요가 프로그램이 끝난 뒤 무슨 운동을 할지 생각하고 있을 때, 동해문화원 조 국장님이 맨발 걷기를 추천했다. 11월의 바닷가, 망상해수욕장에서였다.

"발은 제2의 심장이래요. 모든 병은 발에서 시작하고, 건강을 유지하려면 발부터 보호해야 한다고 해요. 맨발로 걸으면 발바닥에 분포한 모세혈관 혈류가 증가해 순환이 원활해지고, 피부도 아주 좋아진답니다."

함께 하는 운동이 좋아 따라나섰지만, 바다는 예상보다 더 추웠다. 차디찬 모래사장 위로 한 걸음 내디딘 순간, 정신이 번쩍 들었다. 바람은 매섭고 하늘은 흐렸다. 무한히 펼쳐진 동해가 더 아득하게 느껴졌다. 모래 위에는 서리가 하얗게 내려앉아 있었다. 국장님은 어느새 저 멀리 사라졌고, 나는 한 걸음씩 바다를 향해 나아갔다. 차가운 모래 위를 뛰어다니며, 불구덩이에 발을 디딘 듯 아찔한 감각을 느꼈다. 얼어붙을 듯한 바람이 뺨을 스치자, 머릿속이 하얘졌다.

망상해변은 드넓었다. 해변을 가로질러 바다로 향하다, 돌아가고 싶은 유혹이 밀려왔다. 그래도 한 번 뺀 칼은 휘둘러보기라도 해야지 싶어, 바다로 달려갔다. 그런데 놀라운 일이 일어났다. 차가울 것만 같던 바닷물이 의외로 따스했다. 얼어붙은 해변과는 완전히 다른 온기였다. 빨갛게 변한 발이 바닷물에 닿자 차츰 안정을 찾았다. 바닷물은 얼지 않는다는 사실이 생각났다. 발가락

사이로 모래가 부드럽게 흘러 나갔다. 아침 해가 떠오르면서, 다행히 얼어붙은 몸과 마음을 감싸줬다. 돌아오는 길에 생각했다. 맨발 걷기는 꽃 피는 봄이 되면 다시 하기로.

봄이 오자, 맨발 걷기를 함께 할 이들이 하나둘 모였다. 일출 요가를 함께 했던 이들이 합류했다. 김나경 선생님은 맨발 걷기 전 30분간 요가를 지도해 주셨다. 매주 토요일과 일요일 오전 7시, 망상해수욕장 고래꼬리 광장에 모여 몸을 풀고 노봉해수욕장까지 걸었다. 바다를 벗 삼아 걷는 시간은 말로 표현할 수 없을 정도로 상쾌했다. 해방감이 온몸을 휘감았다. 바닷가에서 요가와 맨발 걷기라니, 이것이야말로 동해에 사는 가장 큰 축복이라는 생각이 들었다.

한여름에는 얼굴을 수건으로 칭칭 감싸고 걸었다. 미라처럼 보이는 모습이 우스웠지만, 우리는 마냥 즐거웠다. 주말 아침, 맨발로 바닷가를 걸으면 무엇이든 할 수 있을 것 같은 자신감이 차올랐다. 주말에 친구가 오면, 망설임 없이 함께 맨발 걷기에 나섰다.

조연섭 국장님은 어느덧 맨발 걷기 전도사가 됐다.

"바다에서 하는 맨발 걷기가 최고예요. 접지를 통해 우리 몸에 흐르는 안 좋은 기류들이 흘러 나가거든요. 맨발 걷기는 건강을 위해서도 하지만, 진정으로 자연과 하나 되는 경험을 안겨준다는

데 더 큰 의미가 있죠."

그는 365일, 눈이 오나 비가 오나 맨발 걷기를 나선다. 그 성실함을 따라갈 사람이 없다. 어느 날 맨발 걷기를 나가려는데, 비가 내려 '맨발 걷기 동해클럽' 단체 카톡방에 문자를 올렸다.

'국장님, 비가 오는데 오늘도 맨발 걷기 하나요?'라고.

'비가 오면 더 좋아요! 얼른 나오세요.'

불도저 같은 국장님. 맨발 걷기 동해클럽 멤버들은 부슬부슬 내리는 비를 맞으며, 망상을 힘차게 걸었다. 그리스인 조르바라도 된 기분이었다. "나는 자유다"라고 외친 조르바처럼, 무진장 후련했다.

이 글을 쓰고 있는 순간 알림이 떴다. 조 국장님의 '맨발 걷기 389일, 몸과 마음의 재발견'이라는 글이 브런치에 올라왔다는 알림이다. 하지만 나에게 겨울 맨발 걷기는 여전히 쉽지 않다. 그래서 간절히 기다린다. 다시 망상해수욕장을 맨발로 걸을 수 있는 따스한 봄을.

대게 좋은 동해시에선
대게를 먹어야지

: 묵호항활어판매센터

묵호에 자리 잡은 뒤, 명절이 다가올 때면 책방 문을 닫아야 하나 고민이다. 평소엔 적막한 묵호지만, 빨간 날이 되면 거짓말처럼 사람이 많아지기 때문이다. 발길이 드문 나날을 견뎌온 우리에게, 명절 손님은 작은 희망이기도 했다. 하지만 차례를 지내야하는 명절이니, 문을 열어야 할지 닫아야 할지 난감했다. 우리의 고민을 읽기라도 하신 듯, 어머님께서 먼저 전화를 주셨다.

"너희 괜찮으면, 우리가 갈게."

묵호로 오시는 부모님 덕분에 우리는 책방도 열고, 부모님과 함께 차례도 올릴 수 있었다. 그날, 또 하나의 기억이 우리에게 선물처럼 남았다. 묵호에서 대게 파티를 제대로 즐겼기 때문이다. 동해에 살면서도 대게를 제대로 먹을 생각을 못 했는데, 부모님이 오신 기념으로 우리도 대게에 도전하기로 했다.

동해에서 대게를 먹지 않은 이유는 가성비에 물음표가 있어서였다. 삿포로며 울진이며 영덕이며, '대게 맛있다'고 소문난 여러 지역에서 대게를 섭렵하고 나니, 동해의 대게 값이 생각보다 비쌌다. 그런데 인천에서 오신 책방 손님 한 분이 "저는 매년 동해로 대게 먹으러 와요. 어디 가도 동해만큼 싱싱하고 싸게 대게를 먹을 수 있는 데가 없어요"라고 말씀하시는 게 아닌가. 브루스와 나는 '우리가 동해 대게를 오해하고 있었나?'라며 주변에 정보를 모으기 시작했다. 맛있는 대게를 적당한 가격에 먹기 위해서.

부모님이 오신 날, 드디어 실행에 옮겼다. 묵호항 활어판매센터의 대게 전문점에 가서 대게를 10만 원어치 샀다. 덤을 달라는 브루스의 애교 섞인 부탁에 주인 어르신은 떨어진 다리와 작은 대게 한 마리를 슬쩍 얹어주셨다. 그렇게 마련한 대게는 찜 전문점으로 옮겨졌고, 30분 뒤 김이 모락모락 피어오르는 대게가 아이스박스 두 개에 차곡차곡 담겼다. 보기만 해도 부자가 된 기분이었다.

흥분을 가라앉히고, 옹기종기 모여 앉아 대게 파티를 시작했다. 브루스는 가장 큰 대게의 다리를 톡 자른 후 살을 쏙 뽑아 아버님 접시에 올렸다. 살이 통통하게 오른 대게를 본 아버님의 얼굴에 미소가 번졌다. 어머님과 나도 한 마리씩 손에 들고 조심스레 껍질을 벗겼다. 아직 온기를 머금은 살이 입에 들어가자, 고소한 향이 입안 가득 퍼졌다.

먹어도 먹어도 대게가 줄지 않았다. 브루스는 "이렇게 맛있을 줄 알았으면, 진작 먹어볼걸" 연신 감탄하며 대게 다리를 뽑아 들

었다. 아버님과 어머님은 "이젠 더 이상 못 먹겠다"고 항복하시고, 브루스가 힘을 내 마지막 남은 게를 해결했다. 그날 밤, 망상 톨게이트를 지날 때마다 보았던 '대게 좋은 동해시'라는 슬로건이 머릿속을 스쳤다. 그 말이 이렇게나 실감 날 줄이야. 차오른 배를 쓰다듬으며, 우리는 그렇게 묵호의 '대게 좋은' 추억 하나를 추가했다.

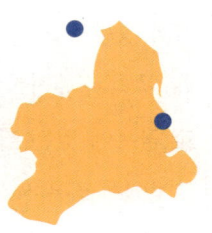

말레이시아에서 온
와이팅과 친구들, 묵호에 스며들다
: 한섬해변 + 강릉 테라로사

"언니, 묵호 가도 돼요?"

쿠알라룸푸르에 사는 동생 와이팅에게 메시지가 왔다. 와이팅은 인도 취재 여행에서 만난 말레이시아 신문 기자. 그녀는 유난히 한국을 좋아했다. 처음 와이팅을 만난 건 인도 아메다바드의 메리어트호텔 로비에서였다. 우리는 인도 기자 20여 명, 일본, 싱가포르 기자와 함께 인도 아메다바드와 벵갈루루를 돌아보는 취재 여행 중이었다. 한국에서 왔다는 말에 와이팅은 "안녕하세요"라고 인사를 건넸다. 그 자리에 있던 다른 기자들 모두 한국에서 왔다는 나에게 호의를 보였지만, 정확한 발음으로 한국어 인사를 건넨 사람은 와이팅이 유일했다. 여행 내내 나는 '한국어 선생님'을 자처했다. 그녀는 내게 궁금한 단어를 물을 때마다 작은 노트에 정성스레 적었다. 나는 웃으며 최신 유행어도 가르쳐 줬다. 그때마다 와이팅은 "언니, 고마워요"라며 수줍게 웃곤 했다.

그녀와의 인연은 인도에서 끝나지 않았다. 와이팅은 취재차 서울과 강릉을 몇 차례 찾았다. 특히 디어클라우드의 나인을 좋아해, 우리는 뮤직비디오에 나오는 홍대 카페에도 함께 갔다. 을지로 골목에 있는 커피 한약방도 소개해 줬는데, 인상적이었는지 그곳에서 찍은 사진을 말레이시아 신문에 큼지막하게 실었다.

그리고 반년쯤 지난 어느 날, 나는 말레이시아 여행을 준비했다. 부산에 있는 아세안문화원에서 말레이시아에 대해 강의하기로 했기 때문이다. 몇 차례 다녀온 경험이 있지만, 최신 트렌드를 눈으로 확인하고 싶었다. 쿠알라룸푸르에서 시작해 2억 5천 년 된 밀림 타만네가라를 둘러본 후, 차밭이 펼쳐진 카메룬 하이랜드를 지나, 페낭에서 보름을 살았다. 다시 쿠알라룸푸르로 내려와 말라카에도 머물렀다.

말레이시아 여행은 첫 여행처럼 흥미진진했다. 말레이시아의 재발견이라고나 할까. 페낭이나 이포 같은 도시에서는 1년쯤 살고 싶은 생각이 들 정도였다. 말레이시아 여행의 순간들 모두 재미있었지만, 여행의 화룡점정은 와이팅과의 재회였다.

우리가 만나기로 한 날, 와이팅이 조심스레 물었다.

"언니, 엄마랑 함께 나가도 될까?"

조금 의아했지만, 나는 짐짓 아무렇지 않은 듯 대답했다. "당연하지"라고. 와이팅 어머니는 한국 드라마 팬이셨다. 한국 친구들이 온다는 이야기에 설렘을 감추지 않으셨다고 했다. 약속한 날 와

이팅은 우리가 묵고 있던 트레이더스 호텔 앞으로 차를 몰고 왔다. 조수석에는 엄마가, 뒷자리에는 그녀의 동생까지 함께였다. 예상치 못했던 동행이었지만, 차 안은 오히려 더 포근했다.

그날 하루, 와이팅 가족과 브루스, 나 모두 다섯 명이 쿠알라룸푸르 곳곳을 돌아다녔다. 그날 다시금 깨달았다. 세상의 엄마들은 다 비슷하다는 사실을. 어디를 가든, 자식처럼 친구까지 보살피는 따뜻한 마음이란. 아침부터 저녁까지 먹고 또 먹었다. 갈비탕 말레이시아 버전인 바쿠테를 마지막으로 진하게 먹어 치운 후, 다음을 기약하며 눈시울을 붉혔다.

그런 와이팅이, 이번에는 묵호에 오고 싶다고 했다. 우리의 대답은 짧았다. "대환영."

그녀는 새해를 한국에서 맞이하고 싶다며, 친구 셋과 함께 한국에 갈 예정이라는 말도 덧붙였다. 그리고 몇 달 후, 우리는 묵호역에서 다시 만났고 반가워 펄쩍펄쩍 뛰었다.

다행히 차 뒷좌석을 펼 수 있어, 여섯이 함께 동해를 쏘다녔다. 말레이시아에서는 입을 일 없는 두꺼운 패딩을 껴입고 온 친구들이 인상적이었다. 추위를 많이 타는 듯해서 안타깝기도 했다. 한 친구는 매년 한국을 찾을 만큼 우리나라를 애정했다. 강릉까지는 가 봤는데, 동해는 처음이라며 신이 나서 연신 카메라 셔터를 눌렀다.

와이팅과 친구들은 우리의 작은 놀이터(가족과 친구들이 머물 수 있도록 마련한 공간)에서 묵었다. 더블 침대가 하나밖에 없어 걱정했는데, 개의치 않았다. 친구 집이라 더 편하다고 좋아했다. 망상해변에서 그네를 타고, 한섬해변의 몽돌 소리를 들으며 파도를 바라봤다. 해변에서 점프도 하고 기도도 올렸다. 강릉 테라로사에도 갔는데, 오가는 길이 눈으로 덮여있어 친구들이 더 즐거워했다.

"눈이 이렇게 많은 곳에서 커피를 마실 수 있다니!"

그들은 감탄하며 창밖을 바라봤고, 나는 친구들의 미소가 너무 아름다워 그 순간을 눈과 마음에 새겼다.

와이팅과 친구들이 좋아하는 것 중 하나가 바나나우유였다. 보아하니 하루 한 개씩, 여행의 작은 목표라도 되는 양 '오늘의 바나나우유'를 손에 꼭 쥐었다. 북평장에서 길거리 어묵을 서서 먹고, 추암촛대바위 앞에서 기념사진도 남겼다. 그렇게 2박 3일. 짧은 시간이었지만 추억의 밀도는 높았다. 서울도 아닌 묵호까지 와 준 친구들이 예쁘고 고맙고 사랑스러웠다. 떠나는 그들을 배웅하며 브루스는 "지구는 둥그니까 걷다 보면 우린 또 만날 수 있을 거야"라고 말했다. 버스터미널에서 와이팅과 친구들은 "언니 오빠, 말레이시아에서 만나요"라며 버스에 올랐다. 우리는 다시, 또 만날 것이다. 그곳이 어디일지는 모르겠지만.

묵묵히 빛을 내는 동해의 사람들

발한도서관에서 강의를 진행하던 해 가을. 한국여행작가협회 허시명 선배에게서 전화가 걸려 왔다. 동해에 왔다며, 망상에서 보자고 하셨다. 동해에서 뵈니 더 반가웠다. 선배는 삼화동 옛 북평양조장 자리에서 진행하는 강원막걸리학교에 강의를 하러 왔다고 했다.

"어쩌다 삼화까지 가시게 됐어요?" 여쭀더니, 선배는 활짝 웃으며 대답했다.

"다 이 사람 때문이야."

선배가 가리킨 곳에는 조연섭 동해문화원 사무국장님이 있었다. 국장님이 선배와 인연을 설명했다. 지역에 활력을 불어넣는 공모사업이 있었는데, 동해문화원이 제안한 프로젝트가 선정되어 강원막걸리학교를 열게 됐다고. 조 국장님은 전국의 막걸리 전문가를 수소문했고, 그 끝에 허 선배와 인연이 닿아 프로그램을 성황리에 진행하고 있다고 했다. 이미 송정막걸리 축제도 열어 큰 호응을 얻었다는 말씀도 덧붙였다.

알고 보니, 국장님은 동해에서 전설 같은 존재였다. 묵호 논골담길도 그의 기획이었다. 1960~70년대 전성기가 지난 후 사람들이 빠져나간 언덕마을에 새로움을 불어넣기 위해 진행한 논골담길 프로젝트. 그가 주도한 논골담길 도시재생사업은 대한민국 문화원상 종합대상, 프로그램상을 받았을 뿐만 아니라, 성공적인 도시재생의 표본으로 손꼽힌다.

망상에서 인기를 끌었던 직장인밴드 동해콘서트 또한 그의 작품이었다. 동해에서 열리는 행사마다 마이크를 잡았고, 무릉제는 17년, 백두대간 산삼심기 축제는 무려 23년간 진행을 맡아 왔다. 그러니 동해에서 "조 국장을 모르면 동해 사람이 아니다"라는 말도 무리가 아니었다.

그의 본연의 일은 문화기획이다. 허시명 선배는 그를 '소년 같은 문화기획자'라고 표현했다. 나도 고개를 끄덕였다. 언제나 새로운 일을 상상하고, 재미있는 프로젝트를 고민하는 모습이 호기심 가득한 소년 같다. 끊임없이 국가 공모사업에 도전하고, 주민들에게 도움 되는 일이라면 돈과 관계없이 밀고 나간다. 자신이 옳다고 믿는 일 앞에서는 한 치의 주저함도 없다.

국장님과 관련된 인상적인 프로젝트 중 하나는 '이야기가 있는 동해'였다. 8년 동안 마을의 숨은 이야기 242개와 사진 자

료 1,561컷을 아카이빙해, 책 8권에 담았다. 르포집 8권에는 약 990명의 살아있는 이야기가 고스란히 담겼다. 지역 작가인 홍구보 소설가와 이용진 영상감독, 김희남 도서출판 청옥 대표와 함께 만든 작품으로, 2022년 대한민국문화원상 '우수상'을 받았다. 무엇보다 중요한 건, 이 책이 기록의 가치를 넘어 지역의 영혼을 담고 있다는 점이다.

국장님을 볼 때마다 놀라움을 금치 못한다. 매일 맨발 걷기를 하며 브런치에 꾸준히 글을 올린다. 맨발 걷기의 세계로 사람들을 이끄는 분, 어르신들에게 요가의 즐거움을 전하는 분, 지역 곳곳에 길을 내고 사람들 마음에 불을 켜는 그를 보고 있으면 존경심이 절로 든다. 묵묵히 한 자리에서 빛을 내며, 사람들에게 길을 알려주는 등대 같은 분이다. 지역에 이런 어른이 계신다는 건 큰 행운이다.

논골담길 카페에는 고마운 친구가 있다

: 103LAB

'보고 싶을 거예요.'

컵을 감싼 종이 홀더에는 짧은 문장이 적혀 있었다. 동해에서의 시간을 마무리하고 서울로 떠나기 전, 논골담길의 단골 카페 103LAB에 들렀다. 카페 문을 열고 들어서자, 할튼이 반갑게 웃으며 나를 맞았다. 그녀는 커피를 건네며 말했다.

"이건 선물이에요. 오늘은 커피값을 받지 않을게요."

그녀의 말보다 더 깊이 가슴에 닿았던 것은 컵 홀더에 적힌 문장이었다. 그때까지만 해도 몰랐다. 우리가 3년 후에 같이 대진 해수욕장에서 서핑을 하게 될 줄은.

계절이 세 번 바뀐 후, 나는 다시 동해로 향했다. 이번에는 여행자가 아니라 '책방지기'라는 새로운 타이틀을 가지고 있었다. 가장 먼저 찾아간 곳은 역시 103LAB이었다. 커피를 건네받으며 너스레를 떨었다. "그때 그 커피 때문에 다시 왔어요. 책임지세요"라고. 103LAB 부부는 환한 얼굴로 우리를 환영했고, 책방 오픈

을 축하하며 함께 저녁 식사를 하기로 했다.

103LAB은 논골담길에 자리 잡은 그야말로 그림 같은 게스트하우스 겸 카페다. 깔끔한 도미토리에 멋진 전망, 고즈넉한 분위기 덕에 여행자들에게 인기 만점이다. 103LAB을 운영하는 젊은 부부인 도반과 할튼은 우리와 마찬가지로 서울에서 내려온 사람들이었다. 동해안을 따라 여행하다, 논골담길의 조용함에 반해 덜컥 103LAB을 인수해 버렸다. 카페도, 게스트하우스도 처음이었지만, 두 사람은 자신들만의 색으로 공간을 채워나갔다.

저녁을 함께하기로 한 곳은 동쪽바다 중앙시장에 있는 장터생선구이였다. 보글보글 끓는 망치탕과 지글지글 잘 구운 생선, 지장수 막걸리가 테이블 위를 꽉 채웠다. 술잔이 몇 번 오가자, 대화는 점점 흥겨워졌다. 어린 시절 이야기가 서태지와 아이들로 흐르더니, 어느 순간 브루스와 도반이 진지한 표정을 지었다.

"민증 까볼까?"

그때까지 도반은 브루스에게 형님이라고 불러왔다. 그런데 대화 도중 나이를 두고 미묘한 신경전이 흐르더니, 결국 확인하기로 했다. 서로의 주민등록증을 꺼낸 순간, 놀라운 결과가 나왔다. 둘은 동갑내기였다. 도반은 충격을 받은 듯했다. 그동안 "형님, 형님" 하며 깍듯이 모셔 왔는데, 알고 보니 친구라니.

"아, 진짜 억울해. 그동안 형님이라고 부른 시간을 돌려받을 수

도 없고."

　무척 억울했지만, 다시 쓸어 담을 수는 없는 일.

"그래, 우리 그냥 친구 하자."

　그렇게 '형님과 아우'였던 관계는 '둘도 없는 친구'로 재탄생했다. 그리고 그날의 선언은 지금까지도 변함없이 이어지고 있다.

　3년이 지난 지금, 브루스와 도반은 연애하는 사이도 아니면서 하루에도 수차례 문자를 주고받는다. 새로운 메뉴를 고민할 때도, 고양이가 밥을 조금 덜 먹을 때도 연락한다. 브루스는 뭐라도 맛있는 먹거리가 생기면 "도반 가져다줄까?"라고 한다.

　나는 지난여름에 할튼의 추천으로 서핑에 도전했다. 대진해수욕장에서 처음 보드를 들고 나섰을 때, 설렘과 두려움을 동시에

느꼈다. 처음 맞이하는 파도는 생각보다 거대했고 보드는 마음
대로 움직이지 않았다. 다음 날, 온몸이 쑤셔서 일어나지 못했다.
선배 서퍼 할튼은 시간이 지나면 금방 익숙해질 거라고 용기를
북돋아 줬다.

　자주 만나진 못하지만, 할튼과 도반이 동해 어딘가에 있다는 사
실만으로도 든든하다. 그리고 때때로, 그날의 컵 홀더가 떠오른
다. '보고 싶을 거예요.' 그 한 줄 문장이 아직도 가슴속에서 따스
한 온기를 전하고 있다.

'잘해야지' 대신 그냥 다 '괜찮다'라고

아침 6시, 알람이 울렸다. 여느 때처럼 일출을 찍기 위해 몸을 일으키려는 순간, 세상이 빙글빙글 돌았다. 처음 겪는 낯선 감각 이었다. 3시간도 못 자서 그런 걸까. 눈을 감았다 떴지만, 어지러 움은 가시지 않았다. 좁은 공간에서 3D 입체 영화를 보는 듯, 세 상이 흔들렸다. 멀미 한 번 하지 않은 내가 조각배 위에 떠 있는 듯 휘청거렸다. 가부좌를 틀고 정신을 가다듬으려 했으나 허사였 다. 당황스러웠다.

어지럼증은 쉽게 가시지 않았다. 친구들은 증상을 듣더니 이석 증이 분명하다고 진단 내렸다. 가야 할 곳은 이비인후과며 천곡 동에 있는 용한 병원까지 알려줬다. 유튜브에도 치료법이 있다며 검색해 보라고 했다. '이석증 치료'를 찾아본 후, 화면 속 동작을 따라 했다. 왼쪽으로 누웠다, 오른쪽으로 누웠다 몇 번이고 반복 했다.

놀랍게도 다음날, 어지럼증이 조금 가라앉았다. 유튜브 선생님 의 가르침이 효과를 본 듯했다. 하지만 기뻐할 겨를도 없이, 더

강력한 적이 나타났다. 두통이었다. 머리를 단단한 손아귀로 짓누르는 듯한, 도망칠 틈조차 주지 않는 통증. 아무것도 할 수 없는 상태, 아니, 아무것도 할 수 없다는 사실조차 인식하지 못할 정도였다. 설상가상, 마감해야 할 원고, 잡혀 있는 일정, 밀린 연락이 산처럼 쌓여있었다.

평소에 건강을 과신했던 걸까, 동해에서 이렇게 쓰러진 건 처음이었다. 일어나야 한다고 생각할수록 머리는 전기 고문기에 갇힌 듯 조여 왔다. 시간은 정지했다. 이불 속에서 아픈 머리와 씨름하며 뒤척일 뿐이었다. 겉으로는 아무 일 없는 듯 보였지만, 내 안에는 전쟁이 한창이었다. 가끔 짧은 휴전이 찾아오면, 그제야 쪽잠에 빠졌다. 침이 흐르고, 온몸은 땀으로 흠뻑 젖었다.

브루스는 걱정스러운 눈빛으로 말했다.

"뭐라도 먹어야지."

음식은커녕 물조차 삼킬 수 없었다. 문득 스무 해 전 교통사고가 떠올랐다. 모든 것이 한순간에 사라질 수 있다는 두려움이 엄습했다. 건강이 당연한 것이 아닌데, 내 몸을 스스로 보살펴야 하는데, 왜 나를 이렇게 방치했을까. 왜 그랬을까.

사흘 밤낮이 지나고서야, 겨우 물 한 모금을 삼킬 수 있었다. 그제야 정신을 가다듬고, 나를 짓누르던 일을 후배들에게 하나씩 부탁했다. 내가 꼭 해야 하는 일은 양해를 구하고 기한을 미뤘다.

'잘해야지'라는 강박을 버리고, 그저 '그냥' 했다. 스스로 다독이며, "괜찮다. 괜찮다"고 되뇌었다. 그러자 어딘가에 단단히 묶여 있던 무언가가 서서히 풀리는 기분이었다.

그리고 며칠 후 아침, 눈을 떴다. 창밖으로 파스텔톤 하늘이 펼쳐져 있었다. 통증이 멈췄다. 뜨거운 눈물이 주르르 흘렀다. 고맙고, 감사했다. 두통이 완전히 사라진 건 아니었지만, 이전만큼 강력하진 않았다. 느리지만 천천히 걸을 수 있었다. 몸이 어느 정도 회복되자, 서울로 올라가 정밀검사를 받았다. 입원해 발끝부터 뇌까지 스캔하며 원인을 찾았지만, 특별한 원인을 발견하지 못했다. 다행히 심각한 문제는 아닌 것 같았다.

단단히 경고장을 받았다고 생각하기로 했다. 건강 경고장. 동해처럼 아름다운 곳에서 아프다니, 너무 억울하잖아. 다시 태어난 것처럼 살겠다고 다짐했다. 그리고 절대 나 자신을 스스로 버리지 않기로 했다.

4부

동해를 여행하는
10가지 방법

travel

소소한 일상이야말로 인생을 단단히 붙잡아 준다.
맑은 공기 속을 매일 걷는 동해살이가 그저 감사하다.
동해에서의 삶은 순간마다 선물처럼 다가온다.

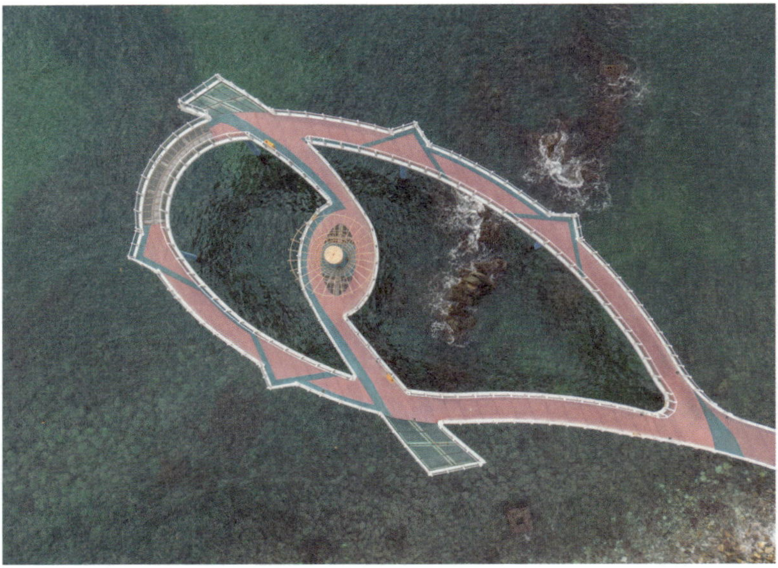

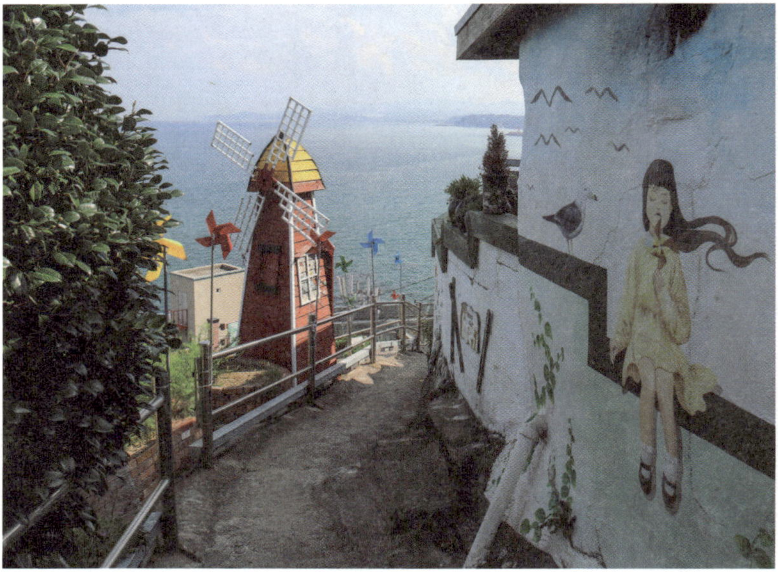

묵호, 뚜벅이 여행자를 위한 맞춤 여행지

: 묵호역 + 도째비골 스카이밸리 + 묵호등대

묵호역에 KTX가 정차하기 시작하면서 묵호의 운명은 달라졌다. 적어도 내 생각에는 그렇다. '술과 항구'가 빠지면 섭섭한 어른의 여행지에서 상큼함과 발랄함이 묻어나는 젊은이의 여행지로 변하고 있다. 차가 없어도 시간이 부족해도 남자친구가 없어도 지갑이 두둑하지 않아도 훌쩍 떠날 수 있는 동네가 되었다.

동해에서 한 달 살기를 했던 2020년과 지금을 비교하면, 많은 변화가 있었다. 다정함과 사랑스러움은 그대로인데, 그사이 풍경은 무척 풍요로워졌다. 골목에는 앙증맞은 소품 가게와 구수한 빵 냄새가 풍기는 빵집이 들어섰고, 발길을 붙드는 공간이 늘었다. 겨우 몇 년 만에 묵호의 터줏대감이 된 기분이랄까. 그리고 지금은 확신한다. 묵호는 소소한 여행을 꿈꾸는 이들에게 완벽한 여행지라고.

20대 초반의 나를 떠올린다. 정동진에서 해돋이를 보기 위해 청량리에서 기차를 타고 밤새 달리던 시절이었다. 밤을 지새워 도착한 정동진에서 첫 햇살을 마주하는 일은 나에게 하나의 의식이었다. 대학 시절, 차를 몰던 친구와 함께 미시령을 넘어 속초 대포항으로 향하던 기억도 선명하다. 그때 목욕탕 의자에 앉아 즉석에서 썰어준 오징어회를 한 점 입에 넣었을 때, 그 쫄깃한 맛과 함께 온몸으로 퍼지던 설렘.

그 여행은 이제 앨범 속 한 장면이 되었다. 이른 아침 정동진에 도착하는 기차가 없어진 지는 오래되었다. 서울에서 속초까지는 서울-양양 고속도로가 생겨 미시령을 넘지 않아도 쉽게 닿을 수 있다. 가을이 되면 가끔 옛 추억을 찾아 미시령을 다시 찾곤 하지만, 자주 찾진 않는다.

요즘 20대들에게 여행의 성지는 어딜까? 기차를 타고 와서 바다도 보고 재미도 누릴 수 있는 묵호가 아닐까? 우선 묵호는 '걷는 여행'이 가능하다. 역 주변에 걸어서 가볼 만한 곳이 많다. 무엇보다도 바다까지 걸어서 갈 수 있다. 정동진처럼 해변에 역이 있는 건 아니지만, 걸어서 5분이면 바다를 만날 수 있다. 그리고 조용하다. 브루스 말처럼 느리게 변한다. 어디에 가도 북적이지 않아, 마음 한편에 틈을 내고 사색에 잠기기 좋다.

뚜벅이 여행자라면, 첫 번째 루트로 묵호역에서 도째비골 스카이밸리를 거쳐 등대까지 산책하기를 추천하고 싶다. 오래된 읍내에서나 볼 법한 레트로한 간판이 반겨주고, 공간 자체가 냉장

고인 상가(문을 열면, 바로 냉동실)와 귀여운 소품 가게를 지나면 바다 냄새가 진하게 코끝을 스친다. 그 순간 묵호항이 눈앞에 펼쳐진다.

활어회센터 앞을 지나며 수조 속에서 펄떡이는 물고기와 눈인사를 나눈다. 운이 좋으면, 경매가 열리는 모습도 볼 수 있다. 그렇게 바닷길을 따라 걷다 보면, 어느새 우뚝 솟은 타워가 눈에 들어온다. 엘리베이터를 타고 오르면 묵호항과 논골담길이 한눈에

내려다보인다. 그리고 벽면에 붙은 사진 속에서, 과거의 묵호를 만난다.

전망대에서 내려와 수변 공원으로 향하면, 하늘과 맞닿은 바다가 온전히 나를 감싼다. 수변공원에서 여유로운 시간을 보내도 좋지만, 시간이 부족하다면 서둘러 해랑 전망대로 향한다. 해랑 전망대는 바다 위에 놓인 다리로, 위에서 보면 도깨비방망이처럼 생겼다. 그 위를 걷는 동안 바다가 온몸으로 달려들고, 투명한 바닥 아래로는 하얀 포말이 부서진다.

해랑 전망대에서 바다와 인사를 나눈 후, 언덕으로 향한다. 호리병을 비롯한 귀여운 도깨비, 거인 얼굴 등 아기자기한 포토존을 지나면, 동해의 간판스타를 마주하게 된다. '2023~2024 한국

관광 100선'에 이름을 올린 도째비골 스카이밸리로, 개장 이후 2년 만에 100만 명이 다녀갔을 정도로 인기다.

　이곳은 옛날 묵호등대와 월소택지 사이의 평범한 골짜기였다. 밤이면 골짜기 곳곳에 도깨비불이 반짝여 '도째비골'이라 불렸다. 도째비는 강원도 방언으로 도깨비를 뜻한다. 이곳에 웅장한 스카이워크를 만들고, 자이언트 슬라이드와 스카이사이클 등 각종 체험시설을 조성한 것이다.

　해랑 전망대에서 올라가 입장권을 산 후 엘리베이터를 이용, 스카이워크가 있는 상층부로 이동한다. 걸어서 오를 수 있는 산책길도 있지만, 다음 여행을 위해 체력을 아끼자. 엘리베이터에서 내려, 해발 59m 높이의 스카이워크를 걷는 길이 도째비골 스카이밸리의 백미다. 높이가 다르면, 감동의 크기도 차이가 난다. 옥빛 동해로 한 걸음씩 내딛다 보면, 하늘로 날아갈 것 같은 착각이 든다. 해랑 전망대에서 생생하게 다가오는 파도의 맛을 느끼고, 이곳에서는 아찔한 스릴감을 맛본다.

스카이워크를 걷고 나면 스카이사이클과 자이언트 슬라이드가 기다린다. 자이언트 슬라이드는 원통 슬라이드를 타고 약 27m 아래로 내려가는 대형 미끄럼틀로, 타고나면 정신이 번쩍 들 정도로 스릴 넘친다. 액티비티를 좋아한다면 스카이사이클도 놓칠 수 없다. 스카이사이클은 두 개의 구조물을 케이블 와이어로 잇고, 와이어 위를 달리는 자전거다. 위험해 보이지만 와이어가 안전하게 지지하고 있어, 떨어질 염려는 하지 않아도 된다. 두려움을 뒤로 하고 용기를 내면, 인생샷을 건질 수 있다.

상층부에는 또 하나의 매표소가 있다. 한 번 표를 사면, 3시간 동안 마음껏 드나들 수 있다. 바로 아래에 있는 묵호등대도 그냥 지나치면 안 된다. 등대에서 내려다보는 스카이워크의 전망도 일품이다. 시간이 허락한다면, 논골담길도 돌아보자. 벽화 속에서 이곳을 살아낸 사람들의 삶이 묵묵히 말을 걸어올 것이다. 묵호는 천천히 변하고 있다. 그러나 그 느림 속에서 여행자의 마음을 사로잡는 온기는 더욱 깊어지고 있다.

묵호역에서 소박하고 다정한
발한삼거리까지

: 묘한 + 라운드어바웃 + 바다바란 + 고래
+ 청년몰 + 카라멜스테이션 + 도야하우스
+ 제리베리 + 콩키

'잔잔하게'라는 책방 이름에서 눈치챘겠지만, 브루스와 나는 작고 귀여운 것을 유난히 좋아한다. 아기자기하고 포근하고 다정한 모든 존재를 탐색하고, 조심스레 품는다. 묵호는 우리와 비슷한 감성을 품은 동네다. 고풍스러운 한옥도 번쩍이는 대형 카페도 압도적인 건축미를 뽐내는 공간도 없지만, 하나같이 마음을 끌어당긴다. 오래되고 작고 소소한 것들. 그 앞에서 우리는 천천히 숨을 고르고, 마음의 평화를 되찾는다.

여정의 시작은 언제나 묵호역. 역을 등지고 오른쪽으로 돌아 굴다리를 지나면, '묘한'이라는 소품 가게가 나타난다. 이곳을 한마디로 표현하자면, 개미지옥. 특히 고양이를 사랑하는 이라면 발을 떼기 쉽지 않다. 서울 망원동에서 목공방을 운영하던 부부가 내려와 차린 묘한에는 이들의 손길이 느껴지는 소품이 가득하다.

아쉬운 발걸음을 옮겨 길을 건너면 '묵호우동'이 보인다. 나 홀로 여행자도 기분 좋게 한 끼 즐길 수 있는 우동 전문점이다. 든든하게 배를 채운 뒤, 머리와 마음을 채울 차례. 신한은행ATM을 지나면 여행책방 '잔잔하게'가 기다린다. 여행지에서 책장을 넘기는 것만큼 낭만적인 일이 또 있을까. 끌리는 책을 한 권 골라 든다.

다음은 후식을 위해 발한삼거리에 있는 '라운드어바웃'으로 향한다. 이곳은 흑임자커피로 유명하지만, 막상 가보면 빵에 눈길이 먼저 간다. 무화과가 촘촘히 박힌 무화과 크림치즈 휘낭시에, 페이스트리에 버터 시럽과 고소한 깨가 듬뿍 뿌려진 퀸아망. 선택 장애에 빠져도 당황하지 마시라. 모두에게 일어나는 일이니까.

아, 한 군데 빼놓을 뻔했다. 묵호역에서 나와 2시 방향으로 올려다보면 '연필뮤지엄'이라는 큰 글자가 보인다. 앞서 말한 대로 연필박물관이 있고. 4층에는 '해당화가 곱게 핀'이라는 고운 카페가 있다. 이곳의 시그니처는 해당화 꽃차. 찻잔 속에 고운 색이 일렁인다. 주말이면 동네 핸드메이드 숍과 함께 동해 공방 데이트도 연다.

다시 발한삼거리로 돌아와 동네 탐색을 이어간다. 발한삼거리는 100년 전부터 묵호의 중심이었다. 과거 읍사무소와 터미널, 은행, 시장 모두 이 부근에 있었다. 책방에 오시는 어르신 말씀으로는 삼거리에 있는 발리관광룸클럽 자리가 한때 강원도에서 땅값이 가장 비쌌다고 한다. 지금은 전성기 때의 북적임을 찾을 수는 없지만, 대신 작고 개성 넘치는 공간이 하나둘 들어서 생기를 불어넣고 있다.

발한삼거리에서 열 걸음만 걸으면 동쪽바다 중앙시장으로 통한다. 시장 안에는 '바다바란'과 '고래'가, 시장 밖 청년몰에는 '끼룩상점'과 '111호 프로젝트', '두두달', '루디아의 작업실', '댄싱페이퍼스튜디오', '코델리아' 등 개성 넘치는 상점이 자리하고 있다. 소품 가게가 옹기종기 모여 있지만, 각기 색이 달라 둘러보는 재미가 상당하다.

외벽에 'not a hotel'이라는 문구가 적힌 '카라멜스테이션'은 묵호에서 인기 있는 숙소 중 하나다. 깔끔하고 세련된 디자인, 감각적인 카페 공간은 마치 성수동에서 옮겨 놓은 듯하다. 카라멜스테이션 옆에는 유럽 빈티지 시골집 감성의 베이커리 카페, '제리베리'가 있다.

제리베리 근처에 문을 연 '도야하우스'도 눈길을 끈다. 천장에서 아른거리는 물결 같은 조명, 명상 공간 같은 잔잔한 음악, 젠스타일의 인테리어가 흥미롭다. '윤슬과 일렁임', '멜로우 아우어', '럽미, 럽미 낫' 등 메뉴 이름도 독특하다. 일출에서 영감을 받아 블랜딩한 브랙퍼스트 홍차 한 잔에 마음까지 데워진다.

조금 더 발길을 옮겨 수변공원 앞 '콩키'로 향한다. 이곳은 소소한 행복을 사랑하는 이들이 아끼는 디저트 카페다. 자매가 운영하는데, '과자는 사람을 행복한 기분으로 만들어 줍니다'라는 문장을 품고 매일 빵을 굽는다고 한다. 오늘도 콩키에 앉아 커피와 맛있는 플랑, 애플 데니쉬 한 조각을 집는다.

이렇게 묵호에는 개성 넘치는 스타일에 따스한 감성 넘치는 공간이 가득하다. 책방을 열 때만 해도 몇 곳 없었는데 말이다. 조용했던 동네가 알록달록한 색으로 물들어 가고 있다.

동해를 찾는다면 꼭 해봐야 할, 해파랑길 걷기

: 33코스 해파랑길(해물금길)

기자로 일했던 경력 덕분에, 신문사에서 동해를 취재하러 오면 책방에 한 번씩 들른다. 어느 날 한겨레신문 기자분이 묵호 여행 기사를 쓰기 위해 찾아왔다. 옛날 묵호의 모습과 현재 변화하는 분위기를 신나게 들려드렸더니, 새로운 이야기를 듣게 돼서 좋았다며 마지막 질문을 던졌다.

"동해를 찾는 여행자들에게 꼭 해봐야 할 일이 있다면, 뭘까요? 딱 하나만 추천해 주세요."

머릿속이 분주해졌다. 바람의 언덕에서 바다 바라보기, 오징어 회를 떠서 한섬에서 친구랑 나눠 먹기, 파도 보며 멍때리기, 무릉 계곡 마천루에서 용추폭포 찾기 등 수많은 재미가 떠올랐다. 하나만 꼽으라니, 너무 어려웠다.

그러다 바다를 끼고 걷는 해파랑길이 떠올랐다. 동해에는 33번과 34번 해파랑길이 있는데, 33번 '해물금길'을 추천했다. 해파랑길은 부산에서 강원도 고성까지 750km에 걸쳐 이어진 동해안 걷기 여행길로, 50개 코스로 이루어져 있다. '해파랑'이란 이름에

는 동해의 상징인 '해'와 바다색의 '파'랑, 함께 걷는다는 뜻의 '랑'
이 담겨 있다.

그중 33코스는 추암해변에서 시작해 전천강과 동해역, 한섬과
하평해변을 거쳐 묵호역 입구까지 약 13.6km의 길이다. 걸어서
4시간 30분이면 충분하다지만, 실제로는 배 이상의 시간이 필요
하다. 멈춰서 오래 바라보고 싶은 풍경이 많기 때문이다.

추암에서 출발할 경우, 해파랑길 표시를 따라 걷다 보면 호해정
이라는 정자가 나타난다. 1947년 광복을 기념해 주민들이 세운
정자로, 낚시하는 이들이 적지 않다. 민물과 바닷물이 만나는 곳
이라, 물고기가 많다. 이곳부터는 동해의 젖줄인 전천강을 따라
걷는다. 전천강의 잔잔한 물결은 마음을 편안하게 만들고, 한가
롭게 물 위를 떠도는 오리는 피곤함을 잊게 한다.

길은 동해역으로 이어지고, 알록달록 예쁜 벽화가 반기는 송정
동과 해안 숲길을 지난다. 숲길이 끝날 즈음 해파랑길 33코스의
하이라이트인 한섬해변이 등장한다. 도심과 가까운 한섬해변은
부드러운 모래 덕분에 맨발로 걷는 이들이 많다. 파도에 반쯤 잠
긴 테트라포드 위 그림과 해안 터널 앞에서 자연스럽게 발길이
멈춘다.

한섬해변 끄트머리에서 오르막길이 시작되고, 그 길이 끝날 즈
음 내려가는 계단이 나타난다. 아래로 내려가면, 앙증맞은 몽돌
해변이 기다린다. 작은 돌무더기들이 소원을 품은 채 차곡차곡

쌓여있다. 몽돌을 타고 부서지는 파도 소리는 종소리처럼 맑다. 차르르 몽돌의 합창을 듣고 있으면 가슴속 먼지까지 빠져나가는 기분이 든다.

계단에서 올라오면 숲길이 기다린다. 키 큰 소나무가 겨울임에도 불구하고 초록빛을 뽐낸다. 소나무와 친구 하며, 바다를 바라본다. 한걸음 떨어진 곳에서 바라보는 바다는 다른 느낌으로 다가온다. 소나무 숲길이 끝날 즈음 철책보존구간 표지판이 눈에 들어온다. 과거 북한군의 동해안 침투 사건 때문에 철책을 설치했는데, 2021년 대부분 철거했다. 분단의 아픔을 기억하기 위해 일부 남겨진 철책이 과거와 현재를 잇는다.

해파랑길 33코스의 매력 중 하나는 낯설지만 귀여운 이름의 고

불개, 가세해변이다. 언제 가도 한적한 평온함을 선물한다. 가세
해변에서 하평해변으로 향하는 길에는 근사한 전망대를 지난다.
이곳에 서면 드넓은 바다와 묵호등대, 논골담길을 한눈에 담을
수 있다. 이곳에 서면 누구라도 걸음을 늦추고 싶은 기분이 든다.
바닷바람을 맞으며, 옆에 있는 친구와 오손도손 이야기를 나누기
에 좋은 곳이다.

바다와 친구 하며 걷는 길은 하평해변으로 이어진다. 하평해변
산책로 옆으로 철로가 있어, 운이 좋으면 바다를 배경으로 달리
는 기차도 볼 수 있다. 바다를 바라보며 커피를 마시고 싶다면,
근처에 카페가 여럿 있으니 잠시 쉬어도 좋다.

하평해변을 지나면 묵호항역이 나온다. 과거 석탄을 실어 나르

던 묵호항역은 화물선이 지나는 역이다. 묵호항역 안에는 역 근처에 살던 주민이 기증한 돌하르방이 있다. 이곳을 지나는 이들은 동해의 돌하르방을 신기해한다. 시간이 켜켜이 쌓인 묵호항역의 붉은 벽돌 건물이 멋스럽다.

길은 한때 '묵호의 무교동'이라 불렸던 향로봉길로 이어진다. 지금은 인적이 거의 없지만, 명태가 넘치던 시절에는 북적북적했을 것이다. 스산한 마을을 지나면 옥상에 가자미가 잔뜩 널린 소박한 집들이 눈에 들어온다. 옹기종기 붙어 있는 낮은 집을 지나 큰

길을 만나면, 33코스도 막을 내린다.

만약 33코스를 전부 걸을 수 없다면, 한섬해변에서 하평해변까지 구간만이라도 걸어보기를 권한다. 1시간 동안 최고의 바다 풍경을 만날 수 있다. 고불개와 가세, 하평해변이 연이어 펼쳐지는 이 길은 숨겨진 보물 같은 곳이다. 곳곳에 포토존도 있어 사진 찍는 재미도 있다. 중간에 편의시설이 없으니, 물과 간식은 미리 챙기는 게 좋다.

해파랑길을 걷는 트레킹은 단순한 걷기여행 이상이다. 바다 옆에서 파도 소리를 들으며 발길 닿는 곳마다 스며든 시간을 느낀다. 그러다 보면 문득, 지금 걷고 있는 때가 가장 빛나는 순간이라는 걸 깨닫게 된다.

추암부터 어달·가세·망상해변까지, 동해해변 여행

: 감추 + 고불개 + 대진 + 노봉

동해에 살게 된 결정적 이유, 바다다. 하얀 포말을 일으키며 내달리는 파도를 보고 있으면 마음이 정갈해진다. 파도에는 특별한 힘이라도 있는 걸까. 브루스와 티격태격할 때, 일이 풀리지 않아 답답할 때, 곧장 해변으로 나간다. 어달해변까지 걸어서 3분. 기운이 넘칠 땐 대진이나 망상까지 진출한다.

해변에 갈 때는 늘 캠핑 의자를 챙긴다. 밀려오는 파도의 끝자락, 마지막 포말이 부서지는 지점에서 한 걸음쯤 떨어진 곳에 의자를 펼친다. 그러고는 한참을 멍하니 파도를 바라본다. 맹렬하게 달려오는 파도는 전장을 가르는 군마 같다. 바람을 따라 갈기를 세차게 휘날리며 거침없이 밀려든다. 하얀 물거품이 허공으로 부서지고, 그 뒤를 또 다른 파도가 채운다. 끝없이 이어지는 저 흐름 속에서, 마음 또한 흐르고 씻긴다.

동해의 해변이 좋은 이유는 한적함이다. 진한 향수도 묻어 있다. 묵호를 사랑하지만, 동해에는 다른 느낌의 바다가 여럿 있다.

'동해' 하면 먼저 떠오르는 해변은 추암이다. 애국가 첫 소절이 흐를 때 화면 속에 등장하는 촛대 바위가 이곳에 있다. 바다 한가운데 불쑥 솟아 있는 촛대 바위는 보고 또 봐도 신비롭다. 억겁의 세월 동안 한자리에 앉아 파도를 맞고 있는 바위는 감동을 안겨 준다. 해안절벽과 기기묘묘한 바위섬이 장관을 이룬다. 조선 세조 때 한명회가 이곳의 절경에 감탄해 '파도 위를 걷는 것 같다'는 의미로 '능파대(凌波臺)'라 부르기도 했다. 촛대 바위 주변에는 1361년 고려 공민왕 때 처음 지어진 해암정과 길이 72m의 출렁다리도 있다. 세월이 흘러도 촛대 바위가 있는 추암해변은 여전히 동해의 넘버원 여행지다.

동해를 '대표'하는 해변이 추암이라면, 동해 현지인이 아끼는 '생활' 해변은 한섬이다. 자그맣고 편안하다. 바닷가에 돗자리를 펴 놓고 넘실거리는 파도를 보노라면, 세상 부러울 게 없다. 동해

에 놀러 온 친구들도 "오늘부터 여긴 내 해변 할래"라며, 애정을 숨기지 않는다. 도심과 가까워 현지인의 산책코스로 사랑받는 해변이다. 기적 소리를 들으며 해안을 따라 달리는 기차를 바라보면, 숨은 감성이 소리 없이 되살아난다.

어달해변도 빼놓을 수 없다. 이름 때문에 '어달(漁達)'이라고 생각하기 쉽지만, 사실은 전혀 다른 의미를 지닌 '어달(於達)'이다. 동네 뒷산인 어달산에서 유래된 이름으로, '샘이 있는 높은 곳'이라는 뜻을 담고 있다. 빨간색 물고기 모양의 등대표가 눈길을 끈다. 아침이면 등대를 배경으로 사진을 찍으려는 이들이 줄을 잇는다. 등대라고 부르지만 엄밀하게 말하자면 '어달항북방등표'다. 주변에 암초가 많아 조심하라는 경고의 의미로 세운 등대 모양

조형물이다.

앙증맞은 어달해변 앞에는 전망 좋은 카페가 여럿이다. 한 카페에서 커피를 주문하니 '어달, 한여름 밤의 달빛 숨바꼭질'이라는 컵 홀더로 감싸준다. 어달해변과 잘 어울리는 문구다. 연인이 손을 맞잡고 파도 소리를 따라 걷기 좋은 낭만적인 해변이다. 여름이면 아담한 해변이 북적인다. 해수욕장 시즌에는 해변 위에 수십 개의 테이블이 놓이고 와자지껄한 포장마차촌이 펼쳐진다. 1년 중 어달이 북적이는 유일한 시즌이다. 젊은이들은 찰랑이는 파도를 벗 삼아, 시원한 밤바람을 맞으며 여름의 추억을 만든다.

어달에서 약 2km 떨어진 곳에는 서퍼들의 천국, 대진해수욕장이 있다. 거센 파도가 매력적인 곳이다. 적당한 너울이 이는 날이면, 파도 위에서 자유를 만끽하는 서퍼들이 물 위에 두둥실 떠 있다. 파도에 오르려다 실패하고도, 다시금 바다를 향해 나아가는

그들의 모습이 묘한 울림을 준다. 바다를 향해 나가는 서퍼를 보면, 내 마음도 자유로워진다.

어려운 일이지만 동해의 여러 해변 중 하나를 선택하라면, 망상이다. 2km에 달하는 길고 넓은 백사장은 답답한 가슴을 뻥 뚫어준다. 넉넉하고 풍요롭다. 아무리 걸어도 끝나지 않는 백사장 덕분에 사람과 마주치지 않고 '나만의 바다'를 마음껏 즐길 수 있다. 겨울밤 친구들과 캠핑장에서 신나게 겨울을 즐겨도 좋다. 밤이 되면 감각적인 조명이 백사장을 밝혀 분위기를 더한다.

지금부터는 동해 현지인 버전. 다른 해변도 한적하지만, 더 조용한 곳을 찾는다면 형광펜을 들어야 한다. 먼저 한섬해변 옆에 있는 감추해변이다. 한섬 옆에 있지만, 언덕 하나를 사이에 두고 확연히 다른 분위기를 풍긴다. 기암절벽으로 둘러싸여 포근한 품 속에 안긴 듯한 기분이 든다. 신라 진평왕의 셋째딸, 선화공주의 전설을 지닌 감추사는 마음을 가다듬기에 좋다.

다음은 고불개와 가세해변이다. 언제 가도 고즈넉한 해변을 즐길 수 있는 아지트 같은 해변이다. 아무도 없는 해변에 오롯이 앉아있으면, 부자가 된 듯한 기분이 든다. 고불개해변에는 다른 곳에서 보기 힘든 바위가 펼쳐져 있다. 바위틈마다 진한 초록빛 이끼가 자라 이국적인 정취를 자아낸다. 어린 왕자와 사막여우 조형물도 있는데, 어린 왕자가 묘하게 생겼다.

가세해변은 한여름의 추억을 새기기 좋은 곳이다. 안쪽으로 깊숙이 들어간 해변 덕에 프라이빗한 비치처럼 느껴진다. 카페 '비천을담다'(현재는 '한섬')를 운영하던 친구들과 아이스박스에 시원한 맥주와 음료를 채우고, 모래사장 위에서 고기를 구워 먹던 장소도 가세해변이었다. 신나게 물놀이를 즐겼던 그날의 기억이 아직도 생생하다.

마지막으로 노봉해변. 망상과 대진 사이에 자리한 이 작은 해변은 몰디브 같은 물빛을 품고 있다. 해수욕장 성수기에도 한적하다. 피서지인 동해에서 책방을 하는 바람에 7~8월에는 해수욕을

즐길 수가 없었다. 시즌이 끝나고 바다에 들어갔는데, 그때 찾은 곳이 노봉해변이었다. 작지만 각기 다른 느낌의 바다 덕분에 바닷가 생활이 날마다 새롭다.

밤에도 반짝반짝 빛나는 동해

: 논골담길 + 도째비골 스카이밸리 + 추암해변

'선라이즈 시티'로 불리는 동해지만, 밤도 특별하다. 별빛처럼 반짝이는 논골담길, 새까만 밤바다를 가르며 나아가는 고깃배, 형형색색의 도째비골 스카이밸리, 은은한 빛의 향연이 펼쳐지는 추암, 다정한 밤 산책이 어울리는 한섬까지. 동해의 반전 매력을 발견하고 싶다면, 저녁을 놓쳐서는 안 된다.

해 질 무렵, 고민이 시작된다. 일몰이 아름다운 장소가 여럿이기 때문이다. 한 곳만 꼽으라면, 논골담길 건너편에 자리한 덕장 길이 제격이다. 겨울이면 해풍에 명태를 널어 독특한 풍광을 보여주는 묵호 덕장. 덕장이 이어진 길에 서면 서정미 넘치는 동해의 야경을 만날 수 있다.

파스텔톤으로 물든 하늘과 출렁이는 바다. 논골담길의 붉고 푸른 지붕 아래 노란 불빛이 하나 둘 셋 켜진다. 은은한 불빛은 마른 가슴을 촉촉하게 적시며, 온기를 품은 채 흐릿한 빛을 발한다. 차가운 손을 따스하게 감싸는 친구의 손길 같다. 누군가는 저녁 밥을 짓기 위해, 책을 읽기 위해, 혹은 갓 잡아 온 물고기를 손질하기 위해 스위치를 올렸을 것이다. 소박한 조명 아래 가족이 도란도란 이야기 나누는 모습은 상상만 해도 사랑스럽다.

해발 67m 논골담길 언덕 가장 높은 곳에는 하얀 등대가 우뚝 서 있다. 1963년 세워진 등대는 논골담길과 바다를 향해 부지런히 빛을 뿌리며, 겨울밤을 지킨다. 이제 논골담길 안으로 들어가 볼 차례다. 좁은 골목을 따라 걷다 보면, 밤의 정취에 취한다.

전망 좋기로 유명한 '바람의 언덕'은 밤 풍광 또한 일품이다. 애잔한 항구와 칠흑 같은 밤바다, 소박한 어촌마을, 화려한 도시의 모습이 한눈에 담긴다. 묵호항이 손에 잡힐 듯 가깝게 느껴진다. 어둠을 뚫고 묵호항으로 달려오는 고깃배는 전장에서 승리를 거두고 돌아오는 전사처럼 위풍당당하다. 오징어 배의 눈부신 조명과 항구의 가로등이 어우러져 밤바다를 수놓는다.

도깨비골 스카이밸리는 밤에도 분주하다. 스카이워크의 짜릿함이 가시기도 전에, 밤이 되면 신비로운 분위기가 찾아온다. 도깨비불이 춤추는 듯한 불빛이 곳곳에서 모습을 드러내고, 기둥 위에 선 '슈퍼트리'는 시시각각 색을 바꾸며, 환상적인 야경을 연출한다.

스카이워크 아래에는 수국 모양의 조명 꽃이 바닥을 장식한다. 수국을 모티브로 한 이유도 재미있다. 꽃이 피며 다양한 색으로 변하는 것이 도깨비 같다고 해서, 제주에서는 수국이 도깨비 꽃

이라는 뜻의 '도체비고장'으로 불린다고 한다. 도깨비골이라는 이미지에 맞춰 '도깨비 꽃'의 조명을 만들어 놓은 것.

해랑 전망대 또한 밤이 되면 도깨비방망이 형태를 더욱 뚜렷이 드러낸다. 그 옆에 도째비골을 환하게 밝히는 전령사, 도깨비 '다찌' 조형물이 환한 미소를 지으며 바다를 내다보고 있다.

추암해변도 밤이면 화려한 옷으로 갈아입는다. 파도를 상징하는 게이트와 해암정을 지나 촛대바위로 향한다. 별과 달 패턴이 어우러져 동화의 한 장면 같은 기분이 든다. 떠오르는 태양을 배경으로 한 촛대바위와는 또 다른 몽환적인 아름다움이다.

촛대바위에서 내려와 어둠을 빛으로 가르는 출렁다리를 지나면, 은은한 불빛이 감싸는 숲이 기다린다. 잔잔한 음악이 흘러 환영받는 기분이 든다. 숲 터널을 나오면 야외 작품이 등장한다. 30여 점의 작품이 각각 조명을 받아 존재감을 뽐낸다. 밋밋한 표현 위로 이야기가 흐르는 작품, 그림자놀이를 할 수 있는 작품 등 조명의 종류도 다양하다. 야외 전시장에서 가장 아름다운 곳은 작은 빛무리가 쉼 없이 반짝이는 별빛 정원이다. 풀벌레 소리, 새소리도 어디선가 들려온다. 빛과 작품, 자연이 어우러진 밤의 향연은 가슴 깊이 스며들어 긴 여운을 남긴다.

각기 다른 색을 가진 동네책방 여행

: 서호책방 + 여행책방 잔잔하게
+ 책방균형 + 책방달토끼

'아름다운 책방이 아름다운 도시를 만든다.'

한미화 출판평론가의 책 『유럽 책방 문화 탐구』에 나오는 문장이다. 그는 또 이렇게 말한다.

'책방은 일종의 복지 시설이다. 우체국이나 미장원 혹은 약국처럼 마을을 지탱해 주는 공공시설이다. 책방과 마을이 공존할 때 마을은 조금 더 살기 좋은 곳이 된다.'

동해에서 한 달 머물던 시절, 묵호에 동네책방이 없다는 사실은 뜻밖이었다. 서울에 살던 동네만 해도 크고 작은 서점이 서너 곳은 있었다. 작은 동네라도 어김없이 책방 하나쯤 있는데, 묵호에는 없었다. 속초와 강릉에는 완벽한 날들이나 한낮의 바다와 같은 선배 책방이 있었고, 문우당이나 동아서점, 고래책방처럼 브랜드 있는 서점도 반짝반짝 빛을 내고 있었다.

묵호에는 없었지만, 동해 전체에 작은 책방이 없었던 건 아니다. 쇄운동에 차분하면서 향기로운 서호책방이 있었다. 2019년 12월에 오픈한 서호책방에 이어 여행책방 잔잔하게가 2021년 10월 동해에서 두 번째로 문을 열었다. 그리고 2023년에 책방균형, 2024년에는 책방 달토끼가 차례로 동해에 둥지를 틀었다.

작은 도시에 동네책방이 네 곳이라니. 한때 문화의 변방이라고 여겼던 동해가 이제는 책방이 있는 도시로 빛나는 듯했다. 다행스럽게도 책방 네 곳 모두 개성이 분명했다. 공간의 분위기도 큐레이션의 방향도 머무는 이에게 건네는 감각도 조금씩 달랐다.

잔잔하게는 '책과 함께 당신의 동해 여행이 시작되는 곳'이라는 슬로건을 내걸고 있다. 여행과 로컬, 건축과 자연, 그리고 글쓰기라는 키워드를 중심으로 책을 큐레이션하며, 작가와 함께하는 북토크와 낭독회 등 다채로운 프로그램을 열고 있다. 최갑수 작가는 2024년 잔잔하게 책방을 다녀간 후 한겨레신문에 이렇게 썼다.

'여행을 와서 작은 책방을 돌아보는 일은 무척이나 즐겁다. 매대에는 서울의 교보문고나 인터넷서점에서 보던 것과는 전혀 다른 책들이 진열되어 있다. 이곳은 여행책 전문 책방답게 다양한 여행책들이 놓여있다. 세상에나, 이렇게나 많은 여행책이 있었다니! 모두 여행을 다니고, 모

두 자신의 여행을 쓰는구나.'

근처에 있는 책방균형은 '균형과 일상, 생존'을 테마로 한 동네 책방 겸 북카페다. 심리 관련 책을 다루고 치유프로그램도 운영한다. 세심한 인테리어와 매달 선정하는 추천 도서로 방문객을 맞이한다. 책방 달토끼는 이름처럼 동화의 한 장면 같은 공간을 가진 그림책전문책방이다. 편지를 쓸 수 있는 책상, 자개장으로 만든 책장, 차곡차곡 쌓인 책이 어우러져 아기자기하다. 그림책부터 예술 서적까지 폭넓은 큐레이션을 선보이며, 그림책 읽는 밤, 리딩클럽 같은 프로그램도 활발하게 운영한다.

그리고 쇄운동의 서호책방. 꾸준한 북클럽으로 사랑받는 동네 책방이다. 아이들과 함께 앉아 책을 읽고 이야기 나눌 수 있는 자리가 있을 뿐만 아니라, 모카포트로 정성껏 내린 커피가 일품이다.

책방 여행을 계획하고 동해에 온다면, 하루는 여행책방 잔잔하게와 책방균형을, 또 다른 하루는 책방 달토끼와 서호책방을 차례로 둘러보길 권한다. 책방마다 머금은 감성이 달라, 네 곳을 모두 들를 때 비로소 동해의 책방 여행이 완성된다.

얼마 전, 동해의 네 책방이 한자리에 모였다. '한 평 책방'이라는 이름으로, 어달항에 있는 카페 어달에서 특별한 행사를 열었다.

여행자와 주민들이 각 책방에서 큐레이션한 책을 편하게 보고, 동해시의 작은 책방을 방문해 주십사 하는 의도였다. 어대노(어달대진노봉 어촌활력증진지원사업) 지원으로 한 달 반 정도 진행했는데, 방문한 분들이 "동해를 새롭게 본 계기가 되었어요"라고 말씀해 주셔서 큰 힘이 되었다. 책방들이 모여 만든 작은 책의 바다가 이 도시를 더 따스하게 만들고 있음을 실감했다. 여러분, 바다도 보고 책도 보러 동해로 놀러 오세요.

200년을 이어온 생명력, 북평민속시장

: 북평민속시장

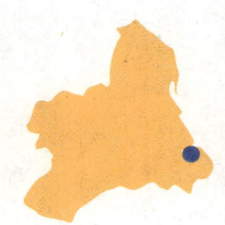

시장은 살아있는 박물관이다. 지역의 문화와 역사, 생생한 삶이 살아있다. 세계 일주를 할 때도 여행지에 가면 늘 시장을 먼저 찾았다. 부에노스아이레스의 시장 한쪽에서는 탱고를 추고 있었고, 루앙프라방 아침 시장에는 짙은 초록의 채소가 펼쳐져 있었다. 시장을 둘러보고 로컬 사람들과 눈을 맞추다 보면, 여행의 즐거움은 배가 됐다.

여행의 재미를 아는 이에게 북평민속시장은 꼭 가봐야 할 곳이다. 200년 동안 생명력을 이어온 강원도 최대 오일장이기 때문이다. 시장에 들어서면 입가에 미소가 떠오른다. 물총을 쏘아대는 오징어, 파마머리를 한 문어, 끊임없이 탈출을 시도하는 게가 눈을 똥그랗게 만들고, 푸짐하고 맛있는 소머리국밥이 속을 든든하게 채워준다. 텃밭에서 애지중지 키웠을 채소를 파는 할머니와 무작정 땅콩을 나눠주며 "일단 먹어봐"라는 아저씨가 발길을 멈추게 한다. 수수하고 다정한 모습에 반할 수밖에 없다.

　마트에 밀려 전통시장 손님이 줄고 있다지만, 북평민속시장은 예외다. 오히려 오일장이 서는 날에는 주변 마트가 기를 펴지 못한다. '3배의 인심, 8배의 행복'이라는 문구에 고개가 끄덕여진다. 주고받는 덕담과 넘치는 인심에, 어깨춤이 절로 난다.

　북평민속시장에서 가장 놀란 순간은 고객지원센터 건물에 있는 'since 1796'을 봤을 때다. 무려 200여 년이 흘렀다. 지리적으로 산과 바다를 모두 품은 동해답게 북평장은 항상 풍요로웠다. 싱싱한 물고기와 산지에서 갓 딴 채소가 넘쳐나며, 전북 이리장,

성남 모란장과 함께 우리나라 3대 오일장으로 꼽힌다.

금강산도 식후경. 뻥튀기, 말린 도루묵, 골뱅이 골목마다 지갑을 열게 하는 먹거리가 줄줄이 대기하고 있었다. 뜨끈한 소머리국밥을 한 그릇 앞에 두고, 국물에서 퍼지는 깊은 향을 음미했다. 국밥집 밖에는 각종 농기구가 넓게 펼쳐져 있었다. 문득 고구마 심어놓은 밭이 생각나서, 호미 두 개를 샀다. 그 순간 시장을 제대로 즐기고 있는 기분이 들었다.

북평민속시장에서 가장 활기 넘치는 곳은 단연 어물전이다. 몇 시간 전까지만 해도 바다에서 놀았을 법한 오징어가 수조에서 팔딱이고, 가자미와 숭어, 쥐치가 나란히 진열대에 놓여 있다. 무시무시하게 생긴 물메기도 한쪽에 쌓여있다. '곱쟁이'라 불리는 고래 고기와 석쇠에 굽는 양미리, 도루묵도 눈길을 잡아끌었다.

김이 모락모락 나는 옥수수 앞에는 지폐를 손에 들고 있는 이들이 길게 줄지어 있다. 정선과 태백, 삼척에서 온 채소도 인기였다. 생생하게 숨이 살아 있는 푸성귀와 달달함이 뚝뚝 떨어질 듯한 과일에 지갑이 계속 열렸다. 원산지 표시도 재미있었다. 눈길을 끈 원산지 표시는 '지방산'이다. 동해를 중심으로 인근 지역과 바다에서 난 물산으로, 싱싱하고 믿을만하다는 이야기다. 지방산의 뜻을 안 이후부터는 "사장님, 이거 지방산이에요?"라고 묻곤한다.

　"야, 너 오랜만이다. 어머니 건강하시나?"

　갑자기 뒤에서 호탕한 목소리가 들리더니, "언니, 장 보러 왔구
나. 나도, 돼지감자 사러 왔어"라는 가느다란 목소리가 이어졌다.

시장의 기능 중 하나인 '만남'. 이곳에서는 '오랜만에 우연히' 친구를 만난 이들이 곳곳에서 보였다. 정신없는 시장 한쪽에서 살갑게 안부를 나누는 이들을 보니, 괜히 가슴이 따스해졌다. 노인들에게 북평민속시장은 재미있는 놀이터였다. 파는 이도 사는 이도, 얼굴 보고 이야기하러 나온다.

북평장을 뒤쪽의 평야라는 뜻으로 '뒷두르장'이나 '뒷뜨루장'이라고도 부른다. 무엇보다 인상 깊었던 건 난전에서 끊임없이 손을 움직이는 북평장 할머니들이었다. 마늘을 까고 고사리를 다듬고 고구마 대를 벗기며 잠깐의 시간도 허투루 쓰지 않았다. 한평생 부지런히 살아온 태도가 자연스레 몸에 밴 모습에, 고개가 절로 숙여졌다.

북평장 구경의 마무리는 묵사발과 메밀전병. 길게 썬 메밀묵에 김치와 무생채, 김을 넣고 국물을 부은 묵사발과 돌돌 말아 한입에 먹기 좋게 만든 메밀전병은 이곳의 별미다. 여기에 깔끔한 송정 막걸리를 한 잔 곁들이면, 이보다 더 좋을 수 없는 장 구경이 완성된다. 이왕 오실 거면 3일과 8일로 끝나는 날에 오시라. 가는 날이 장날이 될 터이니.

계절마다 동해로,
꽃 여행을 떠나자

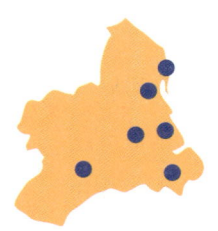

: 무릉별유천지 + 월소택지 + 동부사택
+ 수원지 + 봉정연꽃마을 + 묵호덕장마을

"다음 주면 이발소 옆에 능소화 피겠네."

문득 내가 동해 현지인이 되었음을 실감한다. 계절의 흐름에 따라 어느 집 마당에 어떤 꽃이 피어날지 머릿속에 선명히 그려지기 때문이다. 2월 말이나 3월 초가 되면 냉천공원으로 발걸음을 옮긴다. 봄의 전령사인 복수초를 만나기 위해서다. 메마른 대지 위로 앙증맞은 노란 꽃잎이 올라와, 겨우내 얼어붙은 마음을 촉촉하게 적신다.

아카시아가 필 무렵이면 월소택지 산책이 필수다. 이른 아침, 서늘한 공기를 가르며 걷다 보면 아카시아 향기가 코끝에 스민다. 향기에 취해 꿈결을 떠도는 나그네가 된 듯한 기분이다. 화사한 벚꽃이 필 때는 동부사택이나 수원지로 향해야 한다. 오래된 건축물과 분홍빛 벚꽃이 어우러져, 천상의 화원을 만들어 낸다. 오뉴월 동해는 온통 장미밭이다. 특히 대진해수욕장에서 망상해수욕장으로 가는 좁은 길은 들장미 터널이 만들어진다. 장미향이 바닷바람을 타고 은은하게 퍼지면, 그 길을 따라 걷는 것만으로

도 기분이 환해진다.

그다음은 수국의 계절이다. 월소택지 한 모퉁이에, 아무에게도 알려주지 않은 비밀의 정원이 있다. 그 집 마당에는 여름이면 수국이 탐스럽게 핀다. 수국이 보고플 때면, 그곳에 간다. 혼자만 알고 싶은, 나만의 비밀정원처럼.

여름에는 꽃들의 향연이 펼쳐진다. 그중에서도 접시꽃과 능소화가 으뜸이다. 논골담길 초입 버스정류장에는 오렌지빛 능소화가 장관을 이룬다. 고개를 들어 바라보면, 대롱대롱 매달린 꽃이 한 폭의 그림 같다. 연꽃이 그리운 날이면, 삼척 가는 길목에 자리한 봉정마을을 찾는다. 연못 가득 연꽃이 피어난 그곳에서, 시간을 잊고 오래 머문다.

　무릉별유천지에는 거대한 라벤더밭이 조성되어 있어 초여름이면 라벤더축제가 열린다. 환상적인 보랏빛을 뽐내는 라벤더 꽃밭에서 맛보는 라벤더 아이스크림은 색만큼이나 향기롭다. 뜨거운 태양은 조심해야 한다. 모자와 물을 꼭 챙겨가자.

　가을이면, 무릉계곡이 단풍으로 물든다. 울긋불긋 가을 산을 오르는 등산객이 많은 계절. 삼화사 수륙재에 맞춰 일정을 잡는다. 600년 이상 이어져 온 불교 의례, 수륙재. 조선 건국 과정에서 희

생된 고려 왕조의 혼을 달래고, 소통과 화합을 기원하는 이 의식은 삼화사 적광전 앞마당에서 거행된다. 단풍 속에서 펼쳐지는 장엄한 의식을 마주하며 한층 더 깊어진 가을을 음미한다.

겨울이 오면, 덕장으로 발길을 옮긴다. 얼린 명태가 줄지어 매달린 풍경은 장관이다. 묵호 덕장에는 집마다 엄청난 양의 명태가 걸려 있다. 대관령 덕장과 달리 눈과 비를 피해 오직 해풍만으로 명태를 말린다. 이곳에서 말린 명태의 이름은 '언바람 묵호태'. 푸석푸석하지 않고 쫄깃한 것이 특징이다.

이 시기 묵호항 근처 건어물 가게에는 양미리와 도루묵이 가지런히 매달려있다. 한 줄에 단 5,000원. 집에서 생선을 굽기는 쉽지 않지만, 사지 않고 지나기도 힘들다. 건어물 가게가 아니라도 길거리든 옥상이든 널려 있는 생선을 쉽게 본다. 아담한 집 빨랫줄에 앙증맞은 생선이 줄줄이 걸린 모습은 미소를 머금게 한다. 봄, 여름, 가을, 겨울. 동해의 사계절은 이렇게 매 순간 눈부시다.

강릉, 삼척으로 마실이나 가볼까?

: 강릉 단오제 + 삼척 갈남항 + 삼척 죽서루

동해에 사는 기쁨 중 하나는 삼척과 강릉이 가깝다는 점이다. 당연한 말이지만, 그 희열을 온전히 체감하는 순간은 따로 있다. 서울에 살 때는 오월마다 강릉 단오제에 가고 싶은 마음에 엉덩이가 들썩들썩했지만, 정작 현장에 발을 들인 해는 몇 번 되지 않는다. 'KTX 타고 강릉역에 가서, 택시 타면 금방 도착하는데' 하고 머릿속으로 셈을 해보지만, 행동으로 잘 이어지지는 않았다. 그러나 동해에 살고부터는 다르다. 마실 나가듯, 슬리퍼를 신고 가볍게 단오를 찾는다. '아, 단오네? 저녁에 마실이나 가볼까?' 하는 기분으로 부담 없이 축제 한가운데로 뛰어든다.

그날도 그랬다. 맨발 걷기를 하고 커피를 한 잔 즐기던 토요일 오전. 함께 운동한 선배님들께 단오제 갈 예정이라고 말하자, 대뜸 임인선 선배님이 "이불 사 와"라고 하셨다. 전국의 이불 장수들이 모이는 자리라며, 단오제 기간 중 비라도 내리면 금상첨화라는 이야기까지 해주셨다. 가격이 더 내려간다고.

그 말을 품고 단오제로 향하던 길에, 명주상회에 들렀다. 강릉

토박이 이정임 대표께 재미 삼아 이불 이야기를 건네자, 놀라운 대답이 돌아왔다.

"맞아요. 양말도 사야 해요. 나도 단오 끝나기 전에 양말 사러 가야 하는데."

뭔가 사지 않으면 손해일 듯한 분위기에 이끌려 결국 홑이불과 양말을 사 들고 단오제 행사장을 돌아다녔다.

뭐니 뭐니 해도 단오제에서 가장 흥미로운 장면은 굿판이다. 종일 이어지는 굿은 보고 또 봐도 지루하지 않았다. 굿을 한참 보고 있는데 앞자리에 여행작가협회 송일봉 선배님이 계셨다. 여행팀과 함께 단오 구경 오셨단다. 우연한 만남에 반가움이 배가 되었다.

새로운 체험에도 도전했다. 창포물에 머리를 감는 의식이었다.

"다들 보는 데서 머리를 감으라고? 번잡하기도 하고, 난 안 할래"라는 브루스를 옆에 세우고, 머리카락을 대야에 쏟았다. 창포향이 은은하게 퍼지며 머리가 한결 가벼워진 기분이었다. 준비된 드라이기로 사뿐히 말린 후, 다시 축제의 열기 속으로 녹아들었

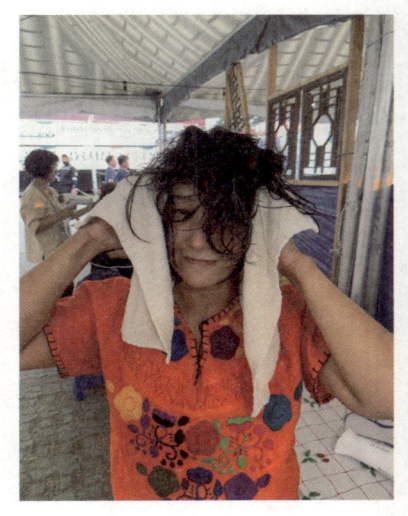

다. 어둠이 내려앉고 꼬치구이 연기가 선명해질 즈음에야 우리는 집으로 향했다. 길을 걸으며 브루스와 나는 감탄했다. "강릉이 이렇게나 지적이라니, 믿기지 않아"라며.

가끔 이런 질문을 받는다. "강릉이나 삼척까지 얼마나 걸려요?" 그럴 때면 "어디에서 출발하실 건데요?"라고 되묻는다. 동해는 강릉의 남쪽과 삼척의 북쪽을 떼어 만든 도시라, 강릉과 삼척은 붙어 있다. 마음만 먹으면 동해에서 강릉을 하루에 수십 번 오갈 수 있다. 심지어 삼척은 하나의 해수욕장을 나누어 쓴다.

동해 남쪽에 있는 추암해수욕장에는 바다 앞에 캠핑장이 있다. 캠핑장을 관리하는 분께 동해와 삼척의 경계가 어디냐고 여쭸다. 밖으로 나오시더니, "여기가 경계예요"라며 바다 쪽으로 오른팔을 쭉 뻗으셨다. 하나의 해수욕장이지만, 반은 동해의 추암해수욕장, 반은 삼척의 삼척해수욕장이었던 것. 경계마저 흐릿한 이곳에서 바다는 그저 푸르고 넓을 뿐이다.

삼척은 동해보다 7배 정도 넓다. 삼척에서 내가 가장 좋아하는 곳은 갈남항이다. 삼척시 원덕읍에 있는 아기자기한 바닷가 마을로, 에메랄드빛 바다가 그곳에 있다. 보고만 있어도 아찔하다. 고즈넉한 갈남항에서 햇살을 맞으며 앉아있으면, 세상과 떨어진 또다른 세계에 들어선 기분이 든다.

가을에는 문화재청의 '삼척 문화유산 야행'을 보기 위해 죽서루를 찾았다. 국보로 지정된 죽서루는 관동팔경 중 하나로, 여러 문학작품과 그림의 단골 소재였다. 겸재 정선의 관동명승첩을 비롯해 다양한 기록이 죽서루의 아름다움을 예찬하고 있다. 바위 위에 자리한 위풍당당한 자태도 감탄스럽지만, 건너편 절벽에서 바라본 죽서루의 모습은 더욱 웅장하다.

평소라면 조용한 밤이었을 터지만, 야행 행사로 사람이 적지 않았다. 죽서루 앞에서 펼쳐진 줄타기 공연은 사람들의 탄성을 자아냈고, 바람에 흔들리는 은행나무는 노란 잎을 하나둘 흩날리며 가을밤을 장식했다. 익살스러운 얼음산이(줄타기를 살얼음판에 비유해 줄 타는 사람을 부르는 말)의 입담에 사람들의 웃음이 끊이지 않았다.

죽서루에서의 밤을 뒤로 하고, 우리는 성내동 성당으로 발길을 옮겼다. 유서 깊은 성당 안에는 은은한 캔들 라이트가 반짝였고 마음을 울리는 음악이 흘렀다. 뮤직 트래블러의 포르투갈 피리 연주와 몽골 악기 선율에 가슴이 벅차올랐다. 눈가에 차오른 눈물이 어느새 주르르 흘렀다. 그렇게 감동을 가득 안고 돌아오는 길, 우리는 말했다.

"삼척이 가까워서 행운이야."

좋은 이웃이 있어 동해가 더 사랑스러운 것처럼, 강릉과 삼척이 바로 옆이라 동해의 삶이 더욱 소중하다.

강릉에서 부산까지,
바다를 따라 떠나는 기차여행
: 동해선 ITX-마음

새벽 5시 28분, 강릉역을 출발한 ITX-마음 1250 열차는 묵호역을 거쳐 힘차게 남쪽으로 달렸다. 차창 너머는 아직 검은 장막에 덮여있었지만, 객실 안은 여행의 설렘과 기대감으로 환하게 빛나고 있었다. 앞자리에 앉은 한 여행자가 감탄사를 날렸다.

"버스가 아닌 기차로 부산까지 갈 수 있다니! 운전 걱정도 없고 말이야."

옆자리 친구가 맞장구쳤다.

"그러게, 참 좋은 세상이야."

맞다. 2025년 1월 1일 강릉에서 묵호, 동해, 삼척, 울진을 거쳐 부산 부전역까지 가는 동해선이 달리기 시작했다. 호랑이의 긴 허리를 잇는 철로가 이어진 것이다. 이전에는 삼척과 영덕 사이 90km 구간에 철로가 없었다. 강릉에서 출발한 기차는 동해에서, 부산에서 올라오는 기차는 포항에서 멈춰야 했다. 이제는 부산에서 강릉까지 한 줄로 시원하게 연결됐다.

강릉에서 부산까지 이어진 동해선은 단순한 철도가 아니다. 새로운 길을 열고 지역과 사람의 마음을 하나로 잇는 다리다. 부산행 ITX-마음 열차는 하루 8차례 운행된다. 최고 시속 150km, 강릉에서 부산까지 평균 5시간이 걸린다. 예상보다 긴 소요 시간에 실망하는 이들도 있지만, 나는 오히려 좋았다. 달리 생각하면 느림이야말로 기차여행의 묘미다. 바쁜 일상에서 벗어나 한적하게 바다를 바라보며 달릴 기회가 아니던가. 느리게 흐르는 풍경 속에서 우리는 자신을 되찾고, 여유를 즐길 수 있다. 세계적으로 사랑받는 관광열차 역시 빠르지 않다. 스위스의 빙하 특급, 아프리카의 로보스 레일, 이들의 속도는 시속 50km를 넘지 않는다. 중요한 것은 속도가 아니라, 여행을 어떻게 받아들이느냐이다.

빨간색 ITX-마음 열차가 삼척에 도착했을 때, 여전히 동해의 하늘은 어둠 속에 잠겨 있었다. 객실 문이 열리고, 차가운 새벽 공기가 흘러들었다. 열차 출발을 알리는 방송이 나지막이 흐르고, 10여 명의 승객이 조심스레 객실 안으로 들어왔다. 그중 한 할머니가 환한 미소로 말했다.

"내 생전 기차도 타보네요."

옆에 앉은 할아버지도 눈가에 잔잔한 미소를 띠었다. 아마도 삼척 어느 깊은 산골에서 살아온 분들이 아닐까. 그들에게 동해선은 단순한 철도가 아니라, 처음으로 세상을 넓게 바라볼 수 있는 창일지도 모른다.

　삼척에서 울진으로 향하는 동안, 열차는 매끄럽게 달렸다. 2009년 3월 착공한 이 노선은 15년 8개월 만에 완공되었다. 수많은 난관 속에서도 마침내 연결된 철로 위를 달리는 기차, 그 안에 담긴 시간과 노력의 무게를 생각하니 가슴이 뜨겁게 일렁였다. 울진역에 도착하자, '육지 속의 섬'이라 불리던 울진도 이제는 새 시대를 맞이했음을 실감했다. 철도도, 공항도, 고속도로도 없던 이 작은 도시가 드디어 외부와 자연스럽게 이어지는 순간이었다.

　열차는 다시 영덕으로 향했다. 장사역에 이르자, 동쪽 하늘이 점차 붉어지더니 이내 붉은 태양이 산 위로 서서히 떠올랐다. 객실 안 승객들은 너나 할 것 없이 스마트폰을 꺼내 일출을 담기에 바빴다. 눈부시게 떠오르는 해를 보니, 새해의 여정이 저 해처럼

힘차게 펼쳐질 것만 같았다.

호랑이의 척추를 따라 남하하던 동해선 열차는 오전 10시 16분, 부산 부전역에 도착했다. 5시간이 넘는 여정이었지만, 그리 지루하지 않았다. 배낭을 고쳐 매고, 부산 여행을 시작했다. 수십 번 드나든 도시지만, 부전역은 처음이라 새로운 출발선에 선듯 설렘이 일었다.

역 앞에는 부산 최대의 재래시장인 부전시장이 자리하고 있었다. 오징어, 전복, 시금치, 연근…. 싱싱한 해산물과 채소가 빼곡하게 쌓인 골목을 따라 사람들의 활기가 넘쳐흘렀다. '부산의 부엌'이라 불릴 만했다. 이곳을 지나 조금 걸으니 꼼장어 골목이 나왔다. 석쇠 위에서 노릇하게 구워지는 꼼장어, 그 쫄깃한 식감과

고소한 향이 입맛을 돋우었다. 소금구이와 양념구이 중 고민하다가 볶음밥까지 비벼 먹기 위해 양념구이를 선택했다. 탁월한 선택이었다.

오후에는 전포동을 찾았다. 공구거리와 카페거리는 독특한 감성으로 가득 차 있었다. 개성 있는 소품샵, 아기자기한 서점, 감각적인 카페들이 발길을 사로잡았다. 저녁이 되자 민락수변공원으로 향했다. 밀락루체페스타가 펼쳐진 공원은 알록달록한 조명들로 동화 나라처럼 변해 있었다. 어둠 속에서 반짝이는 광안대교와 화려한 불빛의 조화는 꿈속에 있는 듯한 풍경을 만들어 냈다.

다음 날 오전 8시 57분, 동해로 향하는 ITX-마음 1233 열차에 올랐다. 돌아가는 길에는 영덕과 울진에 잠시 내려 주변을 둘러보았다. 영덕역에서는 빨간 대게 조형물이 반겼고, 울진역에서는 포토존이 여행객들을 맞이했다. 왕피천 공원의 케이블카를 타고 망양정에 오르니, 동해의 탁 트인 풍경이 눈앞에 펼쳐졌다. 저녁 노을이 분홍빛으로 물드는 순간, 다시 기차에 올랐다. 1박 2일의 짧은 여정이었지만, 긴 휴가를 다녀온 듯 충만했다.

오늘도 여행하듯, 동해에 삽니다

브루스와 나는 종종 동네 탐험에 나선다. 책방 문을 닫은 뒤, 오늘은 어디로 향할까 가만히 길을 그려본다.

"가볍게 대진까지 걸어볼까? 아니면 월소 한 바퀴 돌고, 등대에서 논골담길로 내려오는 코스는 어때? 오랜만에 계구석길을 가도 좋고, 체력이 받쳐준다면 사문재를 넘어 어달로 돌아오는 길도 괜찮겠어."

그날의 기분과 컨디션에 따라 코스를 정하고 운동화 끈을 질끈 조인다. 물 한 병과 손수건을 챙기고 출발. 시작은 오르막이다. '고도 차가 있어야 운동이 된다'는 브루스의 확고한 신념 덕에 웬만하면 언덕을 오르는 코스로 출발한다. 처음 몇 걸음은 늘 헉헉거리지만, 높은 곳에서 내려다보는 풍경이 수고를 보상해 준다.

우리는 숨을 고르며 시시콜콜한 이야기를 나눈다. 동네 강아지 쫑이가 오늘 간식을 받아먹고 꼬리를 흔들었다는 둥, 서울에 사는 친구 상훈에게 오랜만에 연락이 왔다는 둥, 인터넷으로 주문한 김치가 기대보다 별로였다는 둥. 별것 아닌 이야기들이지만, 이런 대화가 마냥 즐겁다. 심각하고 무거운 이야기보다, 작고 귀여운 대화가 더 좋다. 소소한 일상이야말로 인생을 단단히 붙잡아 준다고 생각한다.

저녁 7시부터 9시까지, 종일 책상 앞에 앉아 있는 브루스와 내가 함께 걷는 유일한 시간이다. 서울에서 숨 막히는 지하철에 몸을 구겨 넣고, 집에 도착하자마자 기절하듯 쓰러지던 시절을 떠올리면 맑은 공기 속을 매일 걷는 동해살이가 그저 감사하다. 동해에서의 삶은 순간마다 선물처럼 다가온다.

우리는 매일의 루틴을 '탐험'이라고 부른다. 이 동네는 바둑판처럼 반듯한 길이 아니라, 골목마다 다른 표정을 하고 있어서 3년째 걷고 있지만, 아직도 생소한 길을 만난다. 어느 정도 동해 사람이 되었다고 생각하면서도, 낯선 담벼락을 마주할 때면 '아직 멀었구나' 싶어진다. 계속 새롭다고나 할까. 익숙한 길도 계절과 날씨에 따라 매번 다르게 다가온다. 매일 걸어도 지루할 틈이 없는 동네 탐험. 동해의 시간을 더욱 재미있게 만들어 주는 큰 공신이다. 걸음의 속도만큼, 걸어온 길만큼 또 걸어갈 길만큼 우리는 느리지만 충만하게 묵호와 동해에 매일매일 스며들 것이다.

언제라도 여행 시리즈 02

언제라도 동해

초판1쇄 2025년 6월 30일 **초판2쇄** 2025년 9월 26일 **지은이** 채지형 **펴낸이** 한효정 **편집교정** 안수경
기획 한효정 **디자인** 화목 **마케팅** 안수경 **펴낸곳** 도서출판 푸른향기 **출판등록** 2004년 9월 16일 제 320-
2004-54호 **주소** 서울 영등포구 선유로 43가길 24 104-1002 (07210) **이메일** prunbook@naver.com
전화번호 02-2671-5663 **팩스** 02-2671-5662
홈페이지 prunbook.com | facebook.com/prunbook | instagram.com/prunbook

SET ISBN 978-89-6782-235-4 04980
ISBN 978-89-6782-242-2 04980
ⓒ 채지형, 2025, Printed in Korea

*책값은 뒤표지에 있습니다.

이 도서의 국립중앙도서관 출판예정도서목록(CIP)은 서지정보유통지원시스템 홈페이지(http://seoji.
nl.go.kr)와 국가자료공동목록시스템(http://www.nl.go.kr/kolisnet)에서 이용하실 수 있습니다.